民用建筑常用消防设施维修维护保养操作实务

赵嘉诚　李遂源　赵钢　　主编

東南大學出版社
SOUTHEAST UNIVERSITY PRESS
·南京·

图书在版编目(CIP)数据

民用建筑常用消防设施维修维护保养操作实务 / 赵嘉诚，李遂源，赵钢主编. --南京 ：东南大学出版社，2024.9. -- ISBN 978-7-5766-1588-3

Ⅰ. TU892

中国国家版本馆 CIP 数据核字第 2024JB4738 号

责任编辑:弓佩　　责任校对:子雪莲　　封面设计:余武莉　　责任印制:周荣虎

民用建筑常用消防设施维修维护保养操作实务

主　　编:赵嘉诚　李遂源　赵　钢
出版发行:东南大学出版社
出 版 人:白云飞
社　　址:南京市四牌楼 2 号　邮编:210096　电话:025-83793330
网　　址:http://www.seupress.com
经　　销:全国各地新华书店
排　　版:南京布克文化发展有限公司
印　　刷:南京凯德印刷有限公司
开　　本:787 mm×1092 mm　1/16
印　　张:13
字　　数:300 千
版　　次:2024 年 9 月第 1 版
印　　次:2024 年 9 月第 1 次印刷
书　　号:ISBN 978-7-5766-1588-3
定　　价:99.00 元

《民用建筑常用消防设施维修维护保养操作实务》编写成员名单

主　　编　赵嘉诚　李遂源　赵　钢

副 主 编　田　聪　陈光孟　景蓉蓉

编委会成员　（排名不分先后）

黄瑞丽　周绍娟　李小可　殷　强　周晓东
范良松　许　峰　巩志敏　杨伯忠　李达蔚
王　松　王　飞　陈　瑶　罗小莉　李　倩
苏希勇　李　健　宋安军　李俊刚　喻　枫
黄　斌　谭　军　赵　高　周卫东　高金章
周　涵　谭　刚　杨小国　陈　凌　黎应飞
郭　雄　索黔生　柳　彬　冯展望　王德平
罗尚发　杨　鹏　王明晓

编写说明

建筑消防设施是确保建筑的消防安全和人员疏散安全的重要设施，其正常运行能尽早探测火灾事故，联动有关的消防设施，发出火警警报提供有效预警，提醒建筑物内的人员疏散，为扑救火灾事故提供必要的供水、供电保障。常见的建筑消防设施有火灾自动报警系统，自动喷水灭火系统，室内、室外消火栓系统，防烟、排烟系统及安全疏散系统等。为使这些消防系统能正常运行，需要对系统的设施设备开展巡查、维护、维修保养工作。根据《中华人民共和国消防法》及《社会消防技术服务管理规定》（应急管理部第7号令）等规定，消防设施维护保养检测机构或自身具备维护、维修保养能力的单位应当按照国家标准、行业标准规定的工艺、流程开展维护、维修保养工作，保证经维护保养的建筑消防设施符合国家标准、行业标准。

为进一步提高建筑消防设施的维护、维修保养效果，增强实操性，编者以《建筑消防设施的维护管理》及各地方《建筑消防设施维护保养技术规范》为基础，从火灾自动报警系统，自动喷水灭火系统，室内、室外消火栓系统，建筑防烟、排烟系统等九个方面进行了编写，在每一个维护、维修保养的项目中明确了该设备的维保技术要求、维保周期、检查方法和步骤以及对常见的故障及解决方法进行了罗列，对在维护保养、维修过程中可能出现的人身安全事故进行了特别提醒，并标注了预防措施的操作注意事项。

本书的编写参照和引用了国家法律法规以及已经颁布实施的国家消防技术标准规范。随着社会的发展和消防科技的进步，新的消防技术标准规范还将陆续制定和颁布，已经颁布的国家消防技术标准规范也会进行修订。读者在实际运用中，应以有效的现行国家消防技术标准规范为依据。

为便于读者阅读，本书所述维保的含义为：对消防设施设备的维护、维修保养。

本书所述消防技术服务机构指：具备消防设施维护保养检测资格的消防技术服务机构或自身具备维护保养检测能力的社会单位。

本书所阐述的故障处理策略——“建议业主与消防设备厂家直接沟通以寻求解决方案”，正是鉴于建筑消防设施所独有的复杂性与各设备厂家技术专利的专有性而特别提出的针对性措施。

本书深刻强调了员工在进行施工作业时，安全务必放在首位。针对火灾自动报警系统、自动喷水灭火系统、室内及室外消火栓系统、建筑防烟排烟系统等九大关键领域的维护保养工作，本书不仅详尽阐述了具体的要求、操作方法及步骤，还深入剖析了常见的故障问题，并提供了有效的解决策略。尤为重要的是，本书特别标注了在维护、维修保养过程中可能遭遇的人身安全事故风险点，以此作为员工必须严格遵守的安全注意事项，旨在全方位保障每一位作业人员的安全与健康。

由于编者水平所限，书中难免存在不足之处，希望各位读者批评指正。

编者

本书引用法律法规：

《中华人民共和国消防法》
《社会消防技术服务管理规定》
《高层民用建筑消防安全管理规定》
《建筑消防设施的维护管理》GB 25201—2010
《建筑设计防火规范(2018 年版)》GB 50016—2014
《消防设施通用规范》GB 55036—2022
《消防控制室通用技术要求》GB 25506—2010
《火灾自动报警系统设计规范》GB 50116—2013
《火灾自动报警系统施工及验收标准》GB 50166—2019
《消防应急照明和疏散指示系统技术标准》GB 51309—2018
《消防给水及消火栓系统技术规范》GB 50974—2014
《自动喷水灭火系统设计规范》GB 50084—2017
《自动喷水灭火系统施工及验收规范》GB 50261—2017
《建筑防烟排烟系统技术标准》GB 51251—2017
《气体灭火系统设计规范》GB 50370—2005
《气体灭火系统施工及验收规范》GB 50263—2007
《气瓶安全技术规程》TSG 23—2021
《消防灭火用气瓶定期检验与评定》T/GDFPA 001—2022
《通信建筑气体灭火系统用气瓶检测规程》T/CAICI 21—2020
《民用建筑通用规范》GB 55031—2022
《防火卷帘、防火门、防火窗施工及验收规范》GB 50877—2014
《民用建筑电气设计标准》GB 51348—2019
《危险化学品企业特殊作业安全规范》GB 30871—2022

目录

一　火灾自动报警系统

火灾自动报警系统的定义和作用

火灾自动报警系统是探测火灾早期特征、发出火灾报警信号，为人员疏散、防止火灾蔓延和启动自动灭火设备提供控制与指示的消防系统。

火灾自动报警系统以实现火灾早期探测和报警，向受控设备发出控制信号并接收、显示设备反馈信号，进而实现预定消防功能。其在早期发现和通报火警，及时预警通知人员疏散，以及预防和减少人员伤亡、控制火灾损失等方面起着至关重要的作用。

火灾自动报警系统的组成

火灾自动报警系统是由触发装置（火灾探测器、手动火灾报警按钮等）、火灾警报装置（火灾声、光警报装置）、联动输入输出装置等（各种模块）以及具有其他辅助功能装置组成。

火灾自动报警系统维护保养的意义

对火灾自动报警系统定期维护、保养，可检查发现故障并及时排除，保障消防设施设备正常运行，发挥正常的预警、控制功能，预防和减少人员伤亡，控制火灾损失。

火灾自动报警及联动控制系统教学图如图 1-1 所示。

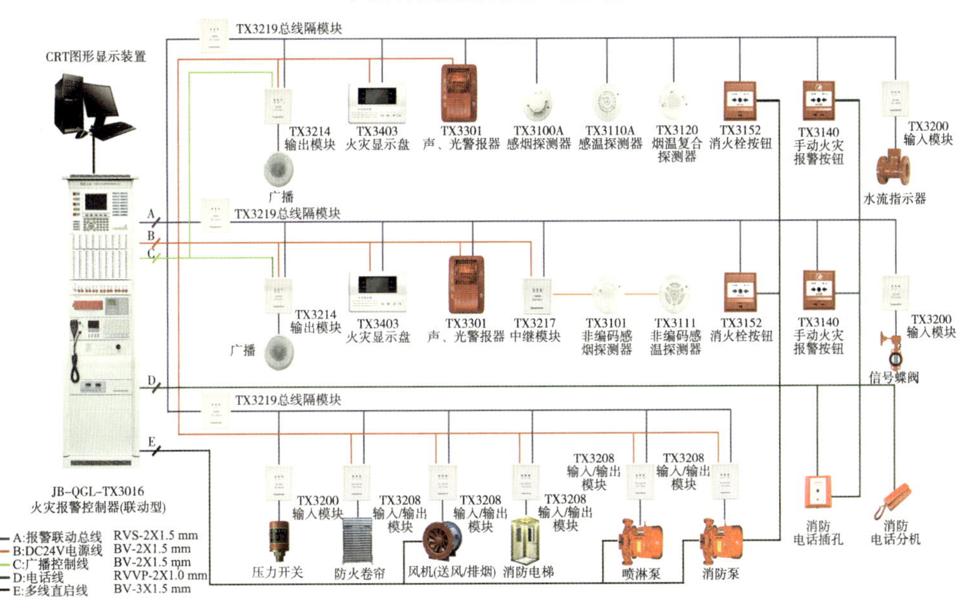

图 1-1　火灾自动报警及联动控制系统教学图

1. 火灾报警控制器

火灾报警控制器实景图如图 1-2 所示。

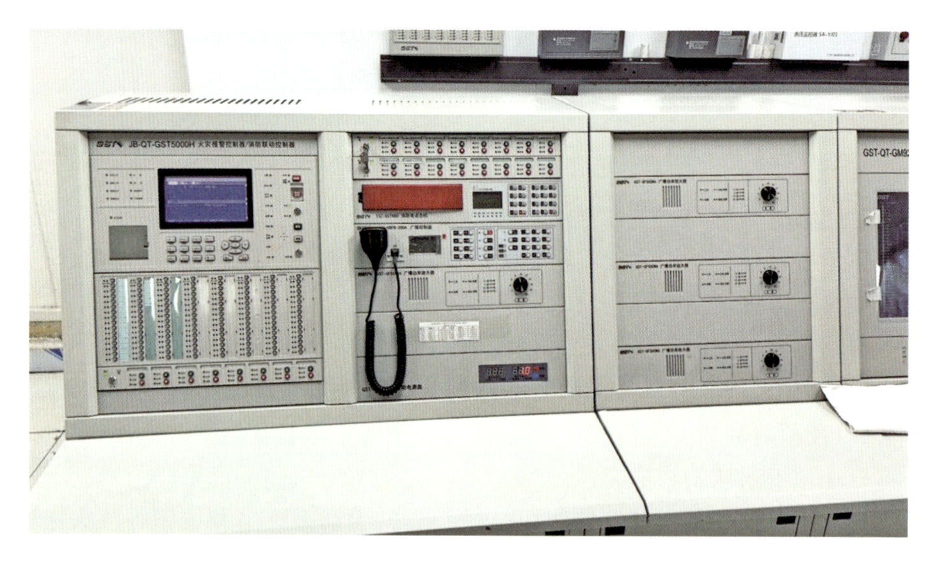

图 1-2　火灾报警控制器实景图

(1) 控制器运行情况

维保技术要求:控制器应保持正常运行状态。

检查周期:单位消防控制室值班人员按照场所类型依据国家规定,定期对控制器运行情况进行检查。

检查方法和步骤:

①火灾报警控制器处于“自动”状态;

②按下“自检”键或操作火灾报警控制器功能按键,进入自检菜单确认,控制器应能进行自检,所有指示灯应能正常点亮、火灾报警控制器内置讯响器发出不同类型声响、显示屏正常显示、对应按键指示灯闪烁;

③自检结束后,所有指示灯恢复正常工作状态,如正常状态时指示灯非正常点亮,应及时进行排查。

常见问题和解决方法:

常见问题:进入自检状态,控制器不动作、火灾报警控制器内置讯响器未响应。

解决方法 1:查看自检操作是否按正确方式进行,检查按键、火灾报警控制器内部线路连接是否正常;

解决方法 2:若以上方法均不能排除故障,可能涉及不同品牌设备厂家技术专利限制,需函告业主与消防设备厂家联系进行处理。

操作注意事项:保持手部及操作按钮清洁,输入正确密码。

(2) 外观

维保技术要求:报警控制器面板及柜体内外应干净、无污垢。

检查周期:单位消防控制室值班人员每日对控制器外观进行检查,消防技术服务机构每月对柜体内清洁情况进行检查。

检查方法和步骤:

①目测观察;

②打开柜体盖板检查内部清洁情况;

③检查结束后恢复柜体完整。

常见问题和解决方法:

常见问题 1:存在灰尘、污垢。

解决方法:使用抹布、毛刷、除尘风机等工器具清理灰尘、污垢。

常见问题 2:存在接线端头锈蚀、柜体锈蚀。

解决方法:采用消防设施维修保养专用除锈喷剂进行除锈作业,柜体进行补漆作业。

操作注意事项:

①对消防控制柜体操作按键区及柜体内部清洁作业时,应关闭火灾报警控制器主、备电源,避免误触发。

②保持手部和清洁用具干爽,必要时使用消防设施维修保养专用除尘风机对箱体内外进行除湿、除尘作业。

③操作完成后,恢复柜体完整。

(3) 安装牢固程度

维保技术要求:控制器应安装牢固、平稳、无倾斜。

检查周期:单位消防巡检人员每日对控制器安装牢固程度进行检查,消防技术服务机构每月对控制器安装牢固程度进行检查。

检查方法和步骤:目测观察,对控制器的稳固性进行检查。

常见问题和解决方法:

常见问题 1:壁挂式控制器安装未进行有效加固,箱体出现松动、倾斜情况。

解决方法:加固控制器箱体。

常见问题 2:柜式或琴台式控制器倾斜、晃动。

解决方法:地面找平、加固。

操作注意事项:

①对消防控制器柜体/箱体进行加固作业前,应关闭火灾报警控制器主、备电源,避免误触发。

②加固作业不得擅自改动原有安装位置。

琴台式、柜式、壁挂式火灾报警控制器实景图如图 1-3 所示。

(a) 琴台式

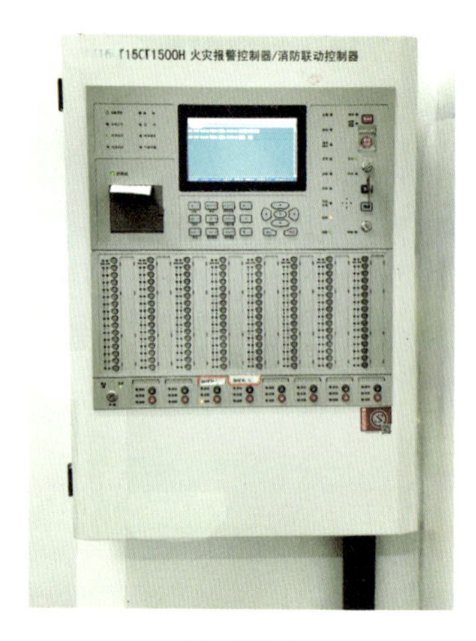

(b) 柜式　　　　(c) 壁挂式

图 1-3　琴台式、柜式、壁挂式火灾报警控制器实景图

(4) 端子接线牢固程度

维保技术要求:端子接线应牢固、无松动。

检查周期:消防技术服务机构以季度、年度为时间单位对消防设施进行阶段性巡检、测试。

检查方法和步骤:目测观察端子接线处线路的连接,用螺丝刀探试,端子接线应牢固、无松动。

端子接线实景图如图 1-4 所示。

图 1-4　端子接线实景图

常见问题和解决方法：

常见问题1：端子处接线松动。

解决方法：用螺丝刀紧固。

常见问题2：端子端头处锈蚀。

解决方法：采用消防设施维修保养专用除锈喷剂对锈蚀部分进行除锈或更换。

操作注意事项：作业前应关闭火灾报警控制器主、备电源，避免误触发；作业工具保持绝缘性完好，禁止手动拉扯线路。

(5) 柜内布线

维保技术要求：不同类别的导线应分开布置，成束绑扎，导线端部应标注编号，字迹要清晰，不易褪色。

检查周期：消防技术服务机构以季度为时间单位对消防设施进行阶段性巡检、测试。

检查方法和步骤：目测观察不同类别的导线是否分开布置，导线是否绑扎成束，导线端部是否标注编号，字迹是否清晰。

控制柜内布线实景图如图1-5所示。

图1-5　控制柜内布线实景图

常见问题和解决方法：

常见问题：不同类别的导线未分开，线路零乱未绑扎成束，导线端部编号脱落或字迹模糊。

解决方法：对线路进行分类绑扎成束，更换或补充标注编号。

操作注意事项：

①在对线路整理绑扎前，应关闭火灾报警控制器主、备电源，避免误触发。

②标注编号应便于识别。

③火灾报警控制器导线主要有：信号线、24 V电源线、多线盘引出的专线、火灾报警控制器之间的联网线、楼层显示器的连接线、CRT连接线、电话线等，在进行线路绑扎或

标注时应细致区分。

(6) 系统保护接地

维保技术要求：报警控制器应有保护接地，采用共用接地装置时，接地电阻值不应大于 1 Ω；采用专用接地装置时，接地电阻值不应大于 4 Ω。由消防控制室接地板引至各消防电子设备的专用接地线应选用铜芯绝缘导线，其线芯截面面积不应小于 4 mm^2。消防控制室接地板与建筑接地体之间，应采用线芯截面面积不小于 25 mm^2 的铜芯绝缘导线连接。

检查周期：消防技术服务机构以季度为时间单位对消防设施进行阶段性巡检、测试。

检查方法和步骤：用接地电阻测试仪对接地电阻进行测量，电阻值应满足技术要求。

系统保护接地实景图如图 1-6 所示。

图 1-6　系统保护接地实景图

常见问题和解决方法：

常见问题 1：接地电阻大于技术要求。

解决方法 1：检查接地线与柜体/箱体连接是否牢固；

解决方法 2：检查柜体/箱体接地线线径是否满足技术要求；

解决方法 3：再次进行测量，测量值仍不满足技术要求，应函告业主予以解决。

常见问题 2：未安装接地线。

解决方法：重新安装接地线。

操作注意事项：应按照消防服务机构配备的接地电阻测试仪产品使用说明严格进行操作；重新安装接地线需得到业主授权，方可执行。

(7) 控制器接地标志

维保技术要求：报警控制器接地标志应明显、持久。

检查周期：消防技术服务机构以季度为时间单位对消防设施进行阶段性巡检、测试。

检查方法和步骤:目测观察接地标志。

接地标志实景图如图 1-7 所示。

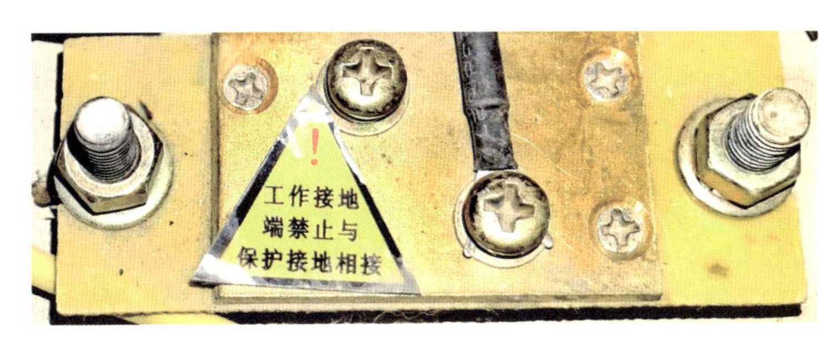

图 1-7　接地标志实景图

常见问题和解决方法:

常见问题:接地标志脱落或丢失。

解决方法:对照火灾报警控制器产品说明书确定标志位置,增设永久性接地标志,标志应明显持久。

(8) 主要电源连线

维保技术要求:报警控制器应采用消防电源且不得采用插头连线。

检查周期:消防技术服务机构以季度为时间单位对消防设施进行阶段性巡检、测试。

检查方法和步骤:目测观察。

常见问题和解决方法:

常见问题:电源采用插头连线。

解决方法:更改电源连接方式,将火灾报警控制器与消防专用电源直接连接。

操作注意事项:

①作业前应关闭火灾报警控制器主、备电源,避免误触发。

②在连接电源前应确保所接电源的电压等级与火灾报警控制器的电压等级一致。

③操作人员应具备相应电工操作资格,作业工具保持绝缘性完好。

(9) 电源保护开关

维保技术要求:主电源的保护开关不应采用漏电保护开关。

检查周期:消防技术服务机构以季度为时间单位对消防设施进行阶段性巡检、测试。

检查方法和步骤:目测观察。

常见问题和解决方法:

常见问题:保护开关设置为漏电保护开关。

解决方法:拆除漏电保护装置,安装短路保护器。

操作注意事项:

①作业前应关闭火灾报警控制器主、备电源,避免误触发。

②操作人员应具备相应电工操作资格,作业工具保持绝缘性完好。

(10) 火警优先

维保技术要求:报警设备故障时仍能报火警。

检查周期:消防技术服务机构以年度为时间单位对消防设施进行周期性巡检、测试。

检查方法和步骤:

①将火灾报警控制器置于手动状态;

②拆除任一个探测器,控制器显示该探测器故障;

③使用火灾探测器试验装置使另一个火灾探测器动作或按下任一手动火灾报警按钮,报警控制器应能显示火灾报警信号,相应声、光报警信号也应同步动作;

④报警设备复位,火灾报警控制器复位;

⑤将火灾报警控制器恢复至自动状态。

常见问题和解决方法:

常见问题:无法实现火警优先功能。

解决方法 1:检查报警测试点位设备是否未注册或发生故障、被屏蔽。

解决方法 2:检查线路是否存在故障。

操作注意事项:作业前,确定火灾报警控制器处于手动状态,避免引发系统联动。

(11) 二次报警

维保技术要求:可连续报出火警的发生时间及部位。

检查周期:消防技术服务机构以年度为时间单位对消防设施进行周期性巡检、测试。

检查方法和步骤:

①将火灾报警控制器置于手动状态;

②使用火灾探测器试验装置连续使几个火灾探测器动作,控制器不做复位操作,观察并记录控制器的显示内容,声、光报警信号情况,报警数量应与火灾探测器动作的数量一致;

③报警设备复位,火灾报警控制器复位;

④火灾报警控制器恢复至自动状态。

常见问题和解决方法:

常见问题:在连续报警过程中,控制器存在卡滞或关机情况。

解决方法 1:重启火灾报警控制器;

解决方法 2:检查火灾报警控制器线路是否连接牢固;

解决方法 3:以上方法均不能排除故障,可能涉及不同品牌设备厂家技术专利限制,需函告业主与消防设备厂家联系进行处理。

操作注意事项:作业前,确定火灾报警控制器处于手动状态,避免引发系统联动。

(12) 消音

维保技术要求:应能通过消音键消除火灾报警控制器提示音(故障、报警、反馈等提示声音)。

检查周期：消防技术服务机构以月度为时间单位对消防设施进行周期性巡检、测试。

检查方法和步骤：

①将火灾报警控制器置于手动状态。

②拆除任一个火灾探测器（模拟故障）和使用火灾探测器试验装置使火灾探测器动作或触发手动火灾报警按钮（模拟火警）；手动打开任一常闭式送风阀（模拟反馈），报警控制器应及时显示故障、火警、反馈等地址信息，并发出对应提示音。

③按下消音键，应能消除火灾报警控制器的提示音。

④报警设备复位，现场设备复位，火灾报警控制器复位。

⑤火灾报警控制器恢复至自动状态。

火灾报警控制器消音键实景图如图 1-8 所示。

图 1-8　火灾报警控制器消音键实景图

常见问题和解决方法：

常见问题：按下消音键未能消除控制器发出对应提示音。

解决方法 1：消音键损坏或报警控制器故障，函告业主与消防设备厂家联系进行处理；

解决方法 2：检查火灾报警控制器内置讯响器线路连接是否稳固，核查讯响器是否故障。

操作注意事项：作业前，确定火灾报警控制器处于手动状态，避免引发系统联动。

(13) 复位

维保技术要求：应能通过复位键对系统进行复位。

检查周期：消防技术服务机构以月度为时间单位对消防设施进行周期性巡检、测试。

检查方法和步骤：

①将火灾报警控制器置于手动状态；

②使用火灾探测器试验装置使火灾探测器动作或触发手动火灾报警按钮，火灾报警控制器正确显示报警信息，对报警设备进行复位后，按下复位键，应能使所有测试的报警设备复位，火灾报警控制器不再显示火警信息；

③将火灾报警控制器恢复至自动状态。

火灾报警控制器复位键实景图如图 1-9 所示。

图 1-9　火灾报警控制器复位键实景图

常见问题和解决方法：

常见问题 1：感烟探测器动作后不能复位。

解决方法 1：对火灾探测器储烟仓进行除烟操作；

解决方法 2：更换火灾探测器。

常见问题 2：手动火灾报警按钮报警，信号不能复位。

解决方法：查看手动火灾报警按钮是否现场复位。

常见问题 3：按下复位键后，设备不能复位。

解决方法：检查排除复位键故障，火灾报警控制器故障如涉及不同品牌设备厂家技术专利限制，需函告业主与消防设备厂家联系进行处理。

操作注意事项：

①作业前，确定火灾报警控制器处于手动状态，避免引发系统联动。

②按下复位键前，应先对报警设备进行复位。

③设备故障可能涉及不同品牌设备厂家技术专利限制，需函告业主与消防设备厂家联系进行处理。

(14) 故障报警

维保技术要求：故障发生后应能在 100 s 内准确显示故障部位、故障类型。

检查周期：消防技术服务机构以月度为时间单位对消防设施进行阶段性巡检、测试。

检查方法和步骤：

①关闭火灾报警控制器电源；

②拆除火灾报警控制器任一回路；

③开启火灾报警控制器电源；

④开机完成后应能显示故障信息；

⑤关闭火灾报警控制器，将拆除的回路线恢复、紧固；

⑥开启火灾报警控制器，火灾报警控制器恢复至自动状态。

火灾报警控制器故障报警查询操作示意图如图 1-10 所示。

图 1-10　火灾报警控制器故障报警查询操作示意图

常见问题和解决方法:

常见问题 1:现场故障设备位置与控制器显示位置不一致。

解决方法:检查编码、模块地址是否正确,并予以修正。

常见问题 2:现场故障设备位置与图形装置显示的位置不一致。

解决方法:此故障因涉及设备厂家技术专利限制,需函告业主与消防设备厂家联系进行处理。

操作注意事项:拆除线路前必须关闭火灾报警控制器主、备电源。

(15) 记忆功能

维保技术要求:准确记忆故障、报警时间及故障、报警部位。

检查周期:消防技术服务机构以月度为时间单位对消防设施进行阶段性巡检、测试。

检查方法和步骤:进入历史记录查询界面,查看历史记录、火警记录等信息,与打印机打印记录予以对照,查看是否一致;检查火灾报警控制器记录信息的条数。

火灾报警控制器记忆功能查询操作示意图如图 1-11 所示。

图 1-11　火灾报警控制器记忆功能查询操作示意图

常见问题和解决方法:

常见问题 1:火灾报警控制器历史记录与打印机打印记录不一致。

常见问题 2:火灾报警控制器历史记录条数不足 999 条。

解决方法:此问题涉及设备厂家技术专利限制,需函告业主与消防设备厂家联系进行处理。

操作注意事项:

①控制器至少应能记录 999 条相关信息。

②注意设备设置的时间与北京时间一致。

(16) 打印机

维保技术要求:准确打印故障、报警部位及时间。

检查周期:消防技术服务机构以月为时间单位对消防设施进行定期巡检、测试。

检查方法和步骤:

①将打印机设置为即时打印,确保打印机处于准工作状态,打印纸完好;

②进行自检操作或复位操作,查看打印机是否打印此步操作。

打印机实景图如图 1-12 所示。

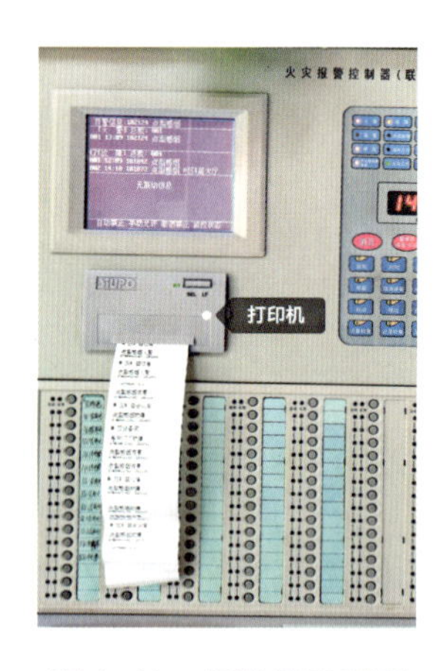

图 1-12　打印机实景图

常见问题和解决方法:

常见问题 1:打印机不能打印。

解决方法 1:检查打印机电源,确保打印机正常通电;

解决方法 2:确保打印机为即时打印;

解决方法 3:确保打印机不缺纸、不卡纸,打印纸安装正确;

解决方法 4:打印机存在故障,及时维修更换打印机。

常见问题 2:打印机打出的信息无法识别。

解决方法:此故障涉及不同品牌设备厂家技术专利限制,需函告业主与消防设备厂家联系进行处理。

操作注意事项:

①更换打印纸前,必须关闭打印机电源。

②更换打印纸注意正反面。

(17) 回路卡

维保技术要求:应能正常工作运行,回路卡输出电压正常。

检查周期:消防技术服务机构以季度为时间单位对消防设施进行阶段性巡检、测试。

检查方法和步骤:

①观察回路卡工作指示灯是否处于正常状态;

②使用万用表对回路卡输出电压进行测量。

回路卡实景图如图 1-13 所示。

图 1-13　回路卡实景图

常见问题和解决方法:

常见问题:回路卡工作指示灯显示异常(黄灯或不亮)。

解决方法:使用万用表测量回路卡输出电压,排除回路卡故障。

操作注意事项:当回路卡工作指示灯显示异常需进行进一步检修时应关闭火灾报警控制器主、备电源,避免误触发。

(18) 电源盘

维保技术要求:应能正常工作运行,电源盘输出电压应与《火灾报警控制器使用说明书》中标明的电压对应。

检查周期:消防技术服务机构以季度为时间单位对消防设施进行阶段性巡检、测试。

检查方法和步骤:使用万用表测试电源盘输入电压是否正常;输出电压是否与《火灾报警控制器使用说明书》中标明的电压对应。

电源盘实景图如图 1-14 所示。

图 1-14　电源盘实景图

常见问题和解决方法：

常见问题：电源盘输出电压异常。

解决方法 1：用万用表对输入电压进行测量，确保有正常的电压输入；

解决方法 2：当无输出电压时，检查电源盘保险管是否熔断，如果熔断应当更换相匹配的保险管；

解决方法 3：检查排除电源盘各线路连接异常；

解决方法 4：如采取以上措施仍不能排除故障，应对电源盘进行更换。

操作注意事项：

①应正确使用万用表的交流和直流挡位分别测量输入、输出电压。

②应注意电源盘的输入、输出电压与《火灾报警控制器使用说明书》中标明的电压对应。

③进行线路紧固操作前，应当关闭火灾报警控制器主、备电源，避免误触发。

(19) 备用电源基本容量试验

维保技术要求：满足基本负载条件、正常连续工作时间及基本功能试验。

检查周期：消防技术服务机构以季度为时间单位对消防设施进行阶段性巡检、测试。

检查方法和步骤：

①检查火灾报警控制器备用电池的容量是否与设计容量一致；

②将主电源断开，火灾报警控制器使用备用电源供电，用计时器计时，在正常检测条件下连续工作不低于 8 h，观察火灾报警控制器是否能维持正常工作。

常见问题和解决方法：

常见问题：备用电源不能满足火灾报警控制器连续 8 h 工作状态。

解决方法 1：现场使用的电池容量应与《火灾报警控制器使用说明书》要求对应，不满足要求的应予以更换；

解决方法 2：备用电源储电功能不满足要求，应更换相同规格的备用电源。

操作注意事项:

①应正确使用万用表测试输出电压。

②更换电池前应关闭火灾报警控制器主电源,避免误触发。

③更换电池应注意正负极线路的连接。

(20) 备用电源自动充电

维保技术要求:备用电源平时应能自动充电。

检查周期:消防技术服务机构以季度为时间单位对消防设施进行阶段性巡检、测试。

检查方法和步骤:使用万用表测量备用电源输出电压,查看万用表电压读数,单个蓄电池读数应在 12 V 以上。低压供电电压标准幅度为±5%。

火灾报警控制器备用电源实景图如图 1-15 所示。

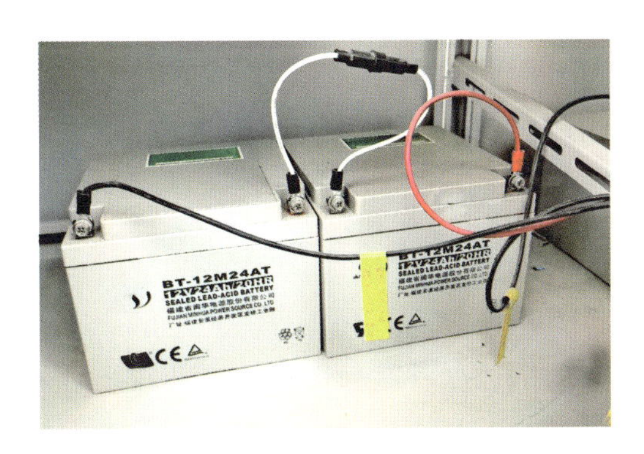

图 1-15 火灾报警控制器备用电源实景图

常见问题和解决方法:

常见问题 1:电源盘的充电电压、电流不满足《火灾报警控制器电源盘使用说明书》的要求。

解决方法:更换电源盘。

常见问题 2:蓄电池无电压或电压不足。

解决方法:更换蓄电池。

操作注意事项:

①应正确使用万用表测量输出电压、电流。

②更换蓄电池前应关闭火灾报警控制器主电源,避免误触发。

③更换蓄电池应注意正负极线路的连接。

(21) 电源自动转换

维保技术要求:断开火灾报警控制器主电源,备用电源应能主动投入。

检查周期:消防技术服务机构以季度为时间单位对消防设施进行阶段性巡检、测试。

检查方法和步骤:

①断开火灾报警控制器主电源,观察备用电源是否能自动投入;

②主电源故障灯点亮,火灾报警控制器内置讯响器发出故障警示音,备用电源指示

灯点亮；

③恢复火灾报警控制器主电源，主电源指示灯点亮，备用电源指示灯熄灭。

常见问题和解决方法：

常见问题：火灾报警控制器主电源断开后，备用电源未能自动投入运行。

解决方法1：检查线路连接，对相应线路端子进行紧固；

解决方法2：检查主备电转换装置是否损坏，更换损坏的主备电切换装置；

解决方法3：检查备用电源（蓄电池）运行情况，对已损坏的蓄电池进行更换。

操作注意事项：

①在对线路检查前应关闭火灾报警控制器主、备电源；更换蓄电池前应关闭火灾报警控制器主电源，避免误触发。

②更换蓄电池应注意正负极线路的连接。

(22) 电脑CRT显示

维保技术要求：CRT应能准确显示故障、报警的部位及时间。

检查周期：单位消防控制室值班人员每日对消防设施进行日常巡查；消防技术服务机构以月为时间单位对消防设施进行阶段性巡检、测试。

检查方法和步骤：

①单位消防控制室值班人员手动在电脑CRT上调出故障、报警信息，查看故障和报警部位及时间是否准确以及电脑建筑平面布置图与实际是否相符；

②消防技术服务机构对消防设施进行测试后查看CRT显示测试火警、故障、反馈、监视、屏蔽等信息是否准确以及电脑平面布置图与实际是否相符。

电脑CRT实景图如图1-16所示。

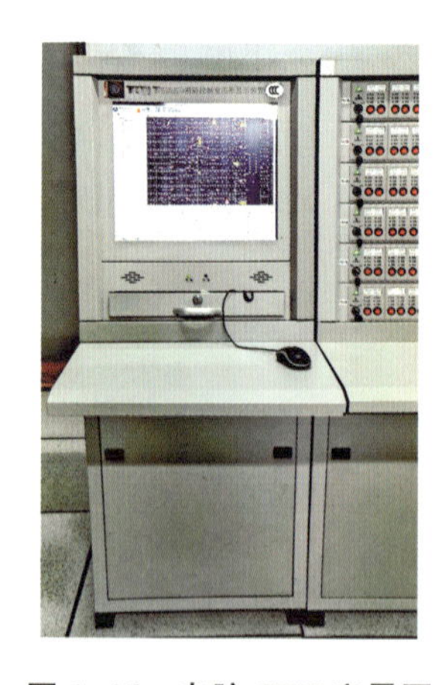

图1-16　电脑CRT实景图

常见问题和解决方法：

常见问题1：火警、故障、反馈、监视、屏蔽、报警部位、建筑平面图等与实际不符。

常见问题2：在测试过程中，CRT显示信息与火灾报警控制器信息不同步。

解决方法：此故障涉及不同品牌设备厂家技术专利限制，需函告业主与消防设备厂家联系进行处理。

操作注意事项：

①显示时间与火灾报警控制器一致且与北京时间一致。

②非火灾报警控制器生产厂家授权人员不宜操作修改原CRT设置，故障涉及不同品牌设备厂家技术专利限制，需函告业主与消防设备厂家联系进行处理。

(23) 直接启动功能

维保技术要求：应能直接启动消防水泵、防排烟风机等重要设备。

检查周期：消防技术服务机构以季度为时间单位对消防设施进行周期性巡检、测试。

检查方法和步骤：

①将手动控制盘(多线控制盘)置于手动允许状态；

②将消防水泵控制柜或风机控制柜置于自动状态；

③在火灾报警控制器手动控制盘(多线控制盘)上按下消防水泵或风机启动按钮；直接启动消防水泵或风机，其动作信号应能反馈至火灾报警控制器，手动控制盘(多线控制盘)上对应按钮启动指示灯及反馈指示灯常亮；

④现场确认设备运行情况；

⑤测试完成后，按下手动控制盘(多线控制盘)上对应停止按钮，启动指示灯及反馈指示灯熄灭，现场确认设备停止；

⑥将手动控制盘(多线控制盘)恢复至自动允许状态。

多线控制盘实景图如图1-17所示。

图1-17　多线控制盘实景图

常见问题和解决方法：

常见问题 1:按下对应启动键后，火灾报警控制器未接收到消防水泵或防排烟风机的启动反馈信号。

常见问题 2:按下对应启动键后反馈指示灯闪烁或不亮。

常见问题 3:按下对应启动键后现场设备未启动。

常见问题 4:按下对应启动键后现场设备启动，但反馈指示灯不亮。

解决方法 1:检查现场设备控制柜是否处于自动状态；

解决方法 2:指示灯闪烁说明现场设备启动不成功，应检查排除现场设备线路故障或现场设备及控制柜出现故障；

解决方法 3:检查排除线路或模块故障；

解决方法 4:检查手动控制盘（多线控制盘）故障，更换手动控制盘（多线控制盘）。

解决方法 5:检查排除消防水泵、防排烟风机等现场设备及控制柜故障（详见各设备故障排除方法）。

常见问题 5:手动控制盘（多线控制盘）未定义。

解决方法:涉及不同品牌设备厂家技术专利限制，需函告业主与消防设备厂家联系进行处理。

操作注意事项：

①作业前应关闭火灾报警控制器电源，避免误触发；操作人员应具备相应电工操作资格，作业工具保持绝缘性完好。

②涉及消防水泵、防排烟风机及控制柜等重要设备的核心部件损坏，函告业主与消防设备厂家联系进行处理。

(24) 联动启动功能

三种消防联动信号情况如表 1-1 所示。

表 1-1　三种消防联动信号情况

信号名称	信号发出方	信号接收方	作用
联动控制信号	消防联动控制器	消防设备（设施）	控制消防设备（设施）工作
联动反馈信号	受控消防设备（设施）	消防联动控制器	反馈受控消防设备（设施）工作状态
联动触发信号	有关设备	消防联动控制器	用于逻辑判断，当满足条件时，相关设备启停

维保技术要求:根据系统联动控制逻辑以及设计文件的规定，对火灾警报、消防应急广播系统、用于防火分隔的防火卷帘系统、防火门监控系统、防烟排烟系统、消防应急照明和疏散指示系统、电梯和非消防电源等自动消防系统的整体联动控制功能进行检测并记录，系统整体联动控制功能应满足国家技术标准关于联动控制的规定及设计文件的要求。

检查周期:消防技术服务机构以年度为时间单位对消防设施进行周期性巡检、测试。

检查方法和步骤：

①将火灾报警控制器（联动型）、防排烟风机控制柜、消防水泵控制柜、应急照明控制

器、防火门监控器、防火卷帘控制器等主机置于自动状态；

②使用火灾探测器试验装置使同一防火分区内两只火灾探测器动作或一个火灾探测器与一个手动火灾报警按钮动作，火灾报警控制器（联动型）按预设逻辑进行联动；

③火灾报警控制器（联动型）接收并发出控制指令，各系统主机控制相关建筑消防设施动作；

④检查现场设备动作情况，应与预设逻辑和设计文件要求一致；

⑤复位操作；

⑥将火灾报警控制器（联动型）恢复至正常工作状态。

常见问题和解决方法：

常见问题：设备未动作或未按预设逻辑动作。

解决方法：详见本书相应章节解决方法。

操作注意事项：

①系统整体联动控制功能应满足《火灾自动报警系统设计规范》GB 50116—2013、《火灾自动报警系统施工及验收标准》GB 50166—2019 关于联动控制的规定及设计文件的要求。

②联动测试前应与业主进行充分沟通，业主方相关配合人员积极响应，确保相关测试区域联动设备、人员人身及财产安全。

③联动测试后，应及时通知和指导相关人员对设备进行恢复。

2. 火灾探测器

(1) 外观

维保技术要求：火灾探测器外观应无腐蚀、起泡、污垢，火警确认灯是否正常闪亮。

检查周期：单位消防控制室值班人员每日对消防设施进行日常巡查，消防技术服务机构以月为时间单位对消防设施进行定期巡检、测试。

检查方法和步骤：

①目测观察火灾探测器外观是否存在腐蚀、起泡、污垢现象；

②目测观察火警确认灯是否正常闪亮（特殊场所、特殊设备、特殊要求除外）。

感烟、感温火灾探测器实景图如图 1-18 所示。

(a) 感烟火灾探测器

(b) 感温火灾探测器

图 1-18　感烟、感温火灾探测器实景图

常见问题和解决方法:

常见问题 1:火灾探测器外观存在腐蚀、起泡情况影响使用功能。

解决方法:及时更换。

常见问题 2:表面存在灰尘、污垢。

解决方法:及时用清洁器具、吹风机等清理灰尘、异物或采用专用清洁剂清理。

常见问题 3:火灾探测器巡检灯不能正常闪亮。

解决方法:更换火灾探测器,并按原号码进行编码。

常见问题 4:火灾探测器防尘罩未摘除。

解决方法:及时摘除防尘罩,以保证探测器正常报警功能。

操作注意事项:

①更换或进行火灾探测器清洁需进行登高操作时,应按照登高操作要点做好安全防护工作。

②更换火灾探测器时,编码务必与原号码一致。

(2) 安装牢固程度

维保技术要求:火灾探测器安装稳固、无松动。

点型感烟、感温火灾探测器技术要求如表 1-2 所示。

表 1-2　点型感烟、感温火灾探测器技术要求

安装要求	在宽度小于 3 m 的内走道顶棚上设置点型火灾探测器时,宜居中布置。感温火灾探测器的安装间距不应超过 10 m;感烟火灾探测器的安装间距不应超过 15 m;点型火灾探测器至端墙的距离,不应大于探测器安装间距的 1/2
与周边的水平距离	点型火灾探测器至墙壁、梁边的水平距离,不应小于 0.5 m;点型火灾探测器周围 0.5 m 内,不应有遮挡物;点型火灾探测器至空调送风口边的水平距离不应小于 1.5 m,并宜接近回风口安装。点型火灾探测器至多孔送风顶棚孔口的水平距离不应小于 0.5 m

检查周期:单位消防控制室值班人员每日对消防设施进行日常巡查,消防技术服务机构以月为时间单位对消防设施进行定期巡检、测试。

检查方法和步骤:目测观察。

常见问题和解决方法:

常见问题:底座连接不牢固、存在松动情况。

解决方法:对底座进行加固处理。

操作注意事项:进行加固处理时,应按照登高操作要点做好安全防护工作;维保工作中发现火灾探测器的安装不符合国家消防技术标准的情形,应当函告业主予以改正或得到业主授权后方可处理,例如火灾探测器未置顶安装或安装倾斜度大于 45°等。

(3) 报警功能

维保技术要求:火灾探测器探测到烟、温度发生变化后,火警确认灯应点亮并保持,能在火灾报警控制器上显示火警信号。

检查周期:消防技术服务机构以年度为时间单位对消防设施进行定期巡检、测试。

检查方法和步骤：

①测试前将火灾报警控制器置于手动状态；

②使用火灾探测器试验装置使火灾探测器动作，火灾探测器火警确认灯应点亮并保持；

③与消防控制室联系，确认火灾报警控制器接收到相关测试信号，火灾报警控制器应发出声、光报警信号，待确认无误后，手动按下火灾报警控制器复位键进行复位，声、光报警信号消除，火警确认灯应恢复至闪亮；

④测试完成后将火灾报警控制器恢复到自动状态。

常见问题和解决方法：

常见问题 1：火灾探测器不动作。

常见问题 2：火灾探测器动作后火灾报警控制器接收不到探测器动作信号。

解决方法 1：检查排除线路故障；

解决方法 2：检查排除火灾探测器故障；

解决方法 3：检查排除火灾探测器未注册、注释地址不正确的情形。

操作注意事项：

①本条仅适用于点型火灾探测器。

②作业前，确定火灾报警控制器处于手动状态，避免引发系统联动。

(4) 报警部位

维保技术要求：报警地址编码应与图纸、编码表或 CRT 显示相符。

检查周期：消防技术服务机构以年度为时间单位对消防设施进行周期性巡检、测试。

检查方法和步骤：火灾探测器报警功能测试过程中与消防控制室联系，确认火灾探测器动作位置，检查其报警地址编码是否与图纸、编码表或 CRT 显示相符。

常见问题和解决方法：

常见问题：现场动作设备与图纸、编码表、火灾报警控制器或 CRT 显示的报警地址、编码不一致。

解决方法：将设备地址、编码进行统一。

操作注意事项：CRT 设置变动涉及不同品牌设备厂家技术专利限制，需函告业主与消防设备厂家联系进行处理。

3. 手动火灾报警按钮

手动火灾报警按钮的设置要求如表 1-3 所示。

表 1-3 手动火灾报警按钮的设置要求

安装间距	从一个防火分区内的任何位置到最邻近的手动火灾报警按钮的步行距离不应大于 30 m
设置部位	当采用壁挂方式安装时，其底边距地高度宜为 1.3～1.5 m，且应有明显的标志

(1) 外观

维保技术要求：手动火灾报警按钮应干净、无污垢、无破损。

检查周期:单位消防控制室值班人员每日对消防设施进行日常巡查,消防技术服务机构以月为时间单位对消防设施进行定期巡检、测试。

检查方法和步骤:

①目测观察;

②目测观察火警确认灯是否正常闪亮(特殊场所、特殊设备、特殊要求除外)。

手动火灾报警按钮实景图如图 1-19 所示。

图 1-19　手动火灾报警按钮实景图

常见问题和解决方法:

常见问题 1:表面存在灰尘、污垢或损坏。

解决方法:及时用清洁工具予以清理或更换。

常见问题 2:手动火灾报警按钮火警确认灯不能正常闪亮。

解决方法:更换手动火灾报警按钮,并按原号码进行编码。

操作注意事项:更换手动火灾报警按钮时,编码务必与原号码一致。

(2) 按钮玻璃

维保技术要求:手动火灾报警按钮玻璃应完好。

检查周期:单位消防控制室值班人员每日对消防设施进行日常巡查,消防技术服务机构以月为时间单位对消防设施进行定期巡检、测试。

检查方法和步骤:目测观察手动火灾报警按钮玻璃。

常见问题和解决方法:

常见问题:手动火灾报警按钮玻璃损坏。

解决方法:及时更换。

操作注意事项:更换手动火灾报警按钮玻璃时,应注意避免划伤手指。

(3) 安装牢固程度

维保技术要求:手动火灾报警按钮应安装牢固、无倾斜。

检查周期:消防技术服务机构以年度为时间单位对消防设施进行周期性巡检、测试。

检查方法和步骤:

目测观察,触碰手动火灾报警按钮,按钮应安装牢固、平稳、无倾斜。

常见问题和解决方法：

常见问题：安装不牢固、不平稳、倾斜。

解决方法：对设备底座进行紧固操作。

操作注意事项：对设备底座进行紧固操作时，应注意对线路进行保护。

(4) 报警功能

维保技术要求：现场触发手动火灾报警按钮，应输出报警信号，火警确认灯应点亮并保持。

检查周期：消防技术服务机构以年度为时间单位对消防设施进行周期性巡检、测试。

检查方法和步骤：

①测试前将火灾报警控制器置于手动状态；

②按下手动火灾报警按钮，与消防控制室联系，火警确认灯应点亮并保持，火灾报警控制器应收到手动火灾报警按钮的动作信号；

③测试完毕后，使用复位工具对现场手动火灾报警按钮进行复位；

④手动按下火灾报警控制器复位键进行复位，声、光报警信号消除，火警确认灯应恢复至闪亮；

⑤将火灾报警控制器恢复到自动状态。

常见问题和解决方法：

常见问题 1：按下按钮后，消防控制室未收到其动作信号。

解决方法：检查排除线路、手动火灾报警按钮故障。

常见问题 2：火灾报警控制器复位后仍能收到火警信号。

解决方法：检查排除现场手动火灾报警按钮复位不到位或更换手动火灾报警按钮。

操作注意事项：测试前火灾报警控制器需置于手动状态。

(5) 报警部位

维保技术要求：报警地址编码应与图纸、编码表或 CRT 显示相符。

检查周期：消防技术服务机构以年度为时间单位对消防设施进行周期性巡检、测试。

检查方法和步骤：手动火灾报警按钮报警功能测试过程中与消防控制室联系，确认手动火灾报警按钮测试动作位置，检查其报警地址编码是否与图纸、编码表或 CRT 显示是否相符。

常见问题和解决方法：

常见问题：现场动作设备与图纸、编码表、火灾报警控制器或 CRT 显示的报警地址、编码不一致。

解决方法：将设备地址、编码进行统一。

操作注意事项：CRT 设置变动涉及不同品牌设备厂家技术专利限制，需函告业主与消防设备厂家联系进行处理。

4. 模块

(1) 外观

维保技术要求:模块外观应无腐蚀、起泡、污垢、灰尘、损坏。

检查周期:单位消防控制室值班人员每日对消防设施进行日常巡查,消防技术服务机构以月为时间单位对消防设施进行定期巡检、测试。

检查方法和步骤:目测观察模块外观。

模块外观实景图如图 1-20 所示。

(a)

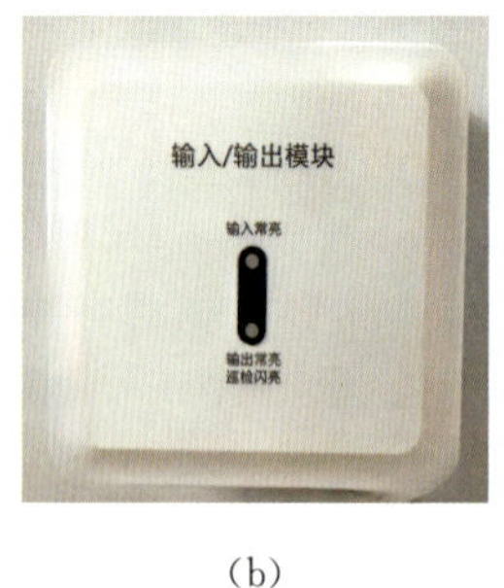

(b)

(c)

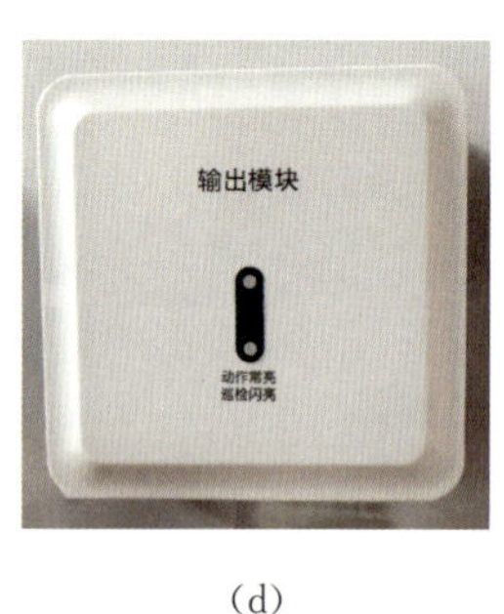

(d)

图 1-20　模块外观实景图

常见问题和解决方法:

常见问题 1:外观存在腐蚀、起泡、损坏情况影响使用功能。

解决方法:及时更换。

常见问题 2:表面存在灰尘、污垢。

解决方法:及时用清洁工具予以清理或更换。

操作注意事项:更换模块时,编码务必与原号码一致。

(2) 安装牢固程度

维保技术要求:模块应安装牢固、无松动。

检查周期:消防技术服务机构以年度为时间单位对消防设施进行周期性巡检、测试。

检查方法和步骤:目测观察,用手触碰模块,模块应安装牢固、无松动。

常见问题和解决方法:

常见问题:安装不牢固、存在松动情况。

解决方法:对设备底座进行紧固操作。

操作注意事项:

①现场情况应符合以下规定:同一报警区域内的模块宜集中安装在金属箱内,不应安装在配电柜、箱或控制柜、箱内;应独立安装在不燃材料或墙体上,安装牢固,并应采取防潮、防腐蚀等措施;模块的连接导线应留有不小于 150 mm 的余量,其端部应有明显的永久性标识;模块的终端部件应靠近连接部件安装;隐蔽安装时在安装处附近应设置检修孔和尺寸不小于 100 mm×100 mm 的永久性标识。

②对设备底座进行紧固操作时，应注意对线路进行保护。

(3) 监控功能(输入模块)

维保技术要求：接收消防设备输入的常开或常闭开关量信号，并将动作信息反馈至火灾报警控制器。

检查周期：消防技术服务机构以年度为时间单位对消防设施进行周期性巡检、测试。

检查方法和步骤：

①目测观察模块工作指示灯是否正常闪亮；使设备动作后模块工作指示灯应在 3 s 内点亮并保持，在火灾报警控制器上应显示动作信号及设备类型，火灾报警控制器上的监管指示灯应点亮；

②设备动作恢复后，模块工作指示灯应恢复至闪亮，火灾报警控制器上的监管指示灯应熄灭。

输入模块实景图如图 1-21 所示。

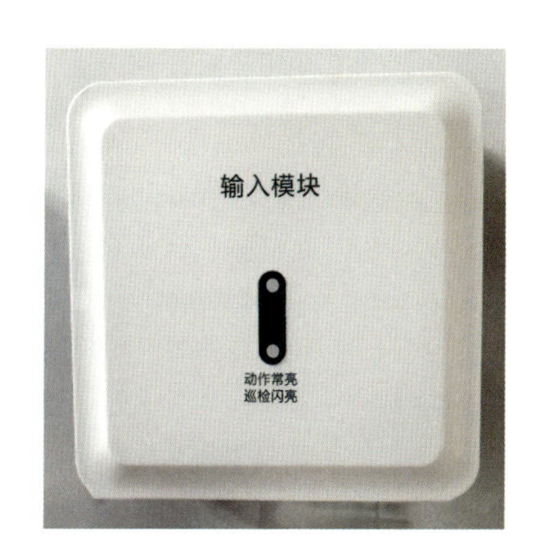

图 1-21　输入模块实景图

常见问题和解决方法：

常见问题 1：设备动作模块工作指示灯点亮后，火灾报警控制器未能接收到动作信号。

常见问题 2：设备动作模块工作指示灯未点亮，火灾报警控制器未接收到动作信号。

解决方法 1：检查排除模块与火灾报警控制器、设备之间的线路故障；

解决方法 2：检查排除模块故障；

解决方法 3：检查修正注册、注释地址不一致的情形。

操作注意事项：根据模块品牌查看对应模块的模块使用说明书，确认终端电阻值。

(4) 控制及反馈功能(输入/输出模块)

维保技术要求：输入/输出模块接收火灾报警控制器向现场设备发出指令的信号，启停现场设备，并向火灾报警控制器发出反馈信息。

检查周期：消防技术服务机构以年度为时间单位对消防设施进行周期性巡检、测试。

检查方法和步骤：

①通过火灾报警控制器对输入/输出模块发出指令后，目测观察输入/输出模块的输出指示灯点亮并保持；

②现场设备动作后，目测观察输入/输出模块的输入指示灯点亮并保持，应能在火灾报警控制器上显示对应设备动作信号；

③手动按下火灾报警控制器复位键进行复位，目测观察输入/输出模块输出指示灯熄灭；

④现场设备复位，目测观察输入/输出模块的输入指示灯熄灭；

⑤现场手动使设备动作，目测观察输入/输出模块的输入指示灯点亮并保持，应能在火灾报警控制器上显示对应设备动作信号；

⑥现场设备复位，目测观察输入/输出模块的输入指示灯熄灭；

⑦手动按下火灾报警控制器复位键进行复位。

输入/输出模块实景图如图 1-22 所示。

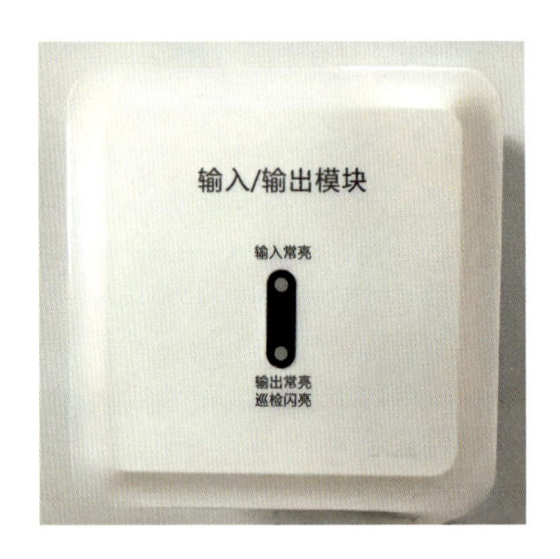

图 1-22　输入/输出模块实景图

常见问题和解决方法：

常见问题 1:火灾报警控制器发出指令后，现场设备不动作。

常见问题 2:火灾报警控制器发出指令，设备动作后，输入/输出模块输入指示灯点亮并保持，火灾报警控制器未收到动作信号。

常见问题 3:火灾报警控制器发出指令，现场设备动作后，输入/输出模块输入指示灯未点亮，控制器也未收到动作信号。

常见问题 4:火灾报警控制器显示输出故障或输入故障。

解决方法 1:检查排除模块与火灾报警控制器及设备之间的线路故障；

解决方法 2:使用万用表测量、检查排除模块信号线、电源线电压不正常的情形，确保电源线正负极能正确连接；

解决方法 3:检查修正模块的注册地址及类型；

解决方法 4:检查排除损坏电阻；

解决方法 5:若排除以上情形，则更换模块，编码后故障排除。

操作注意事项:根据模块品牌查看对应模块的使用说明书和设备要求，区分输出信号为有源或是无源，确保设备安全。例如电动排烟窗输入/输出模块的输出信号就应当设为无源输出。

(5) 保护功能(隔离模块)

维保技术要求：隔离模块所控制的线路出现短路时，隔离模块应动作，能将隔离模块之后的线路断开，待短路故障排除后，隔离模块能自动恢复后续线路的连接。

检查周期：消防技术服务机构以年度为时间单位对消防设施进行周期性巡检、测试。

检查方法和步骤：

①测试短接隔离模块后的线路，隔离模块指示灯应点亮并保持；

②火灾报警控制器能显示该隔离模块所有设备故障信息；

③排除短路故障，隔离模块指示灯熄灭；

④报警控制器上的故障信息自行消除。

隔离模块实景图如图 1-23 所示。

图 1-23 隔离模块实景图

常见问题和解决方法：

常见问题 1：线路短路后，隔离模块指示灯未点亮。

常见问题 2：潮湿环境下导致间接性短路。

解决方法 1：检查隔离模块接线，确保进线端与出线端接线正确；

解决方法 2：排查线路，消除短路故障；

解决方法 3：若排除以上，则更换隔离模块。

操作注意事项：

①隔离模块的进出线路须连接正确。

②接线时压线要牢固。

(6) 监控功能(输出模块)

维保技术要求：消防设备输出常开或常闭的开关测量信号，并将输出信息反馈至火灾报警控制器。

检查周期：消防技术服务机构以年度为时间单位对消防设施进行周期性巡检、测试。

检查方法和步骤:

①目测观察输出模块指示灯是否正常闪亮;

②在火灾报警控制器上手动启动输出模块,模块动作后指示灯点亮并保持,在火灾报警控制器上显示输出信号及设备类型,现场设备应动作;

③在火灾报警控制器上手动停止输出模块,模块指示灯熄灭,现场设备应停止;

④手动按下火灾报警控制器复位键进行复位,火灾报警控制器的声、光信号消除,模块指示灯闪亮。

输出模块实景图如图 1-24 所示。

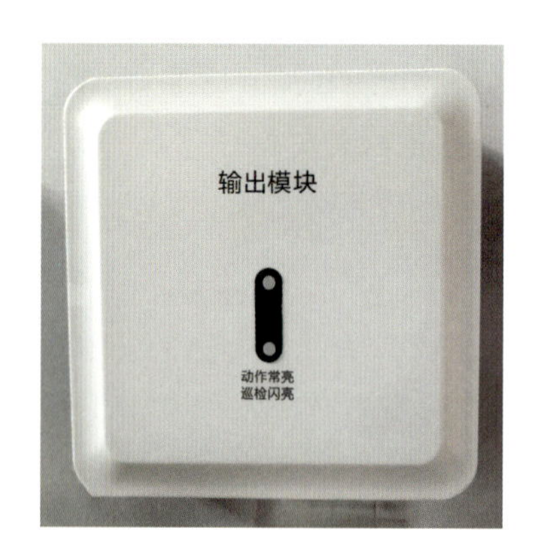

图 1-24　输出模块实景图

常见问题和解决方法:

常见问题 1:模块指示灯点亮后,现场广播未动作。

常见问题 2:火灾报警控制器未能监控到输出信号。

常见问题 3:广播盘报支线故障。

常见问题 4:广播盘报干线故障。

解决方法 1:检查排除模块与控制器、现场设备之间的线路故障;

解决方法 2:检查修正模块的注册地址及类型;

解决方法 3:若排除以上,则更换输出模块,编码后故障排除。

操作注意事项:支线故障为输出模块与现场设备之间广播线故障;干线故障为广播盘与模块之间广播线故障。

二　消防通信及应急广播系统

消防通信系统

消防通信系统的定义和作用

当发生火灾报警时，消防通信专用设备可以提供直接有效的通信，确保各设备房间或有关位置与消防控制室的有效通信，消防通信系统具备独立的消防专用通信线路。现场人员可通过现场设置的固定电话，手持式电话插入手动报警按钮或者电话插孔上与消防控制室全双工通话。

消防通信系统的组成

消防通信系统由消防电话总机、消防电话分机、消防插孔电话及线路构成。在消防控制室还应设置消防外线电话，消防外线电话是消防控制室专用的报警电话，在火灾确认后拨打“119”向消防救援机构报告火警。

消防通信系统维护保养的意义

对消防电话必须定期维护、保养，发现故障应及时清除，保障消防通信正常，发挥其该有的通信功能。

消防应急广播系统

消防应急广播系统的定义和作用

应急广播系统是火灾逃生疏散和灭火指挥的重要设备，在整个消防控制管理系统中起着极为重要的作用。

消防应急广播系统的组成

消防应急广播系统由广播录放盘、定压输出音频功率放大器、扬声器、线路组成，完成电子语音、外线输入、话筒、录音机等多种播音方式下的事故广播，并能自动将话筒和外线输入的播音信号进行录音。

消防应急广播系统维护保养的意义

对消防应急广播必须定期维护、保养，与其他系统合用的消防广播强制切换功能应正常，且声音响亮、清晰。

1. 消防电话

(1) 安装

维保技术要求:消防电话安装应牢固、无松动。

检查周期:单位消防控制室值班人员每日对消防设施进行日常巡查,消防技术服务机构以月为时间单位对消防设施进行定期巡检、测试。

检查方法和步骤:目测观察消防电话底座是否安装牢固、无松动,电话信号指示灯应闪亮。

消防电话实景图如图 2-1 所示。

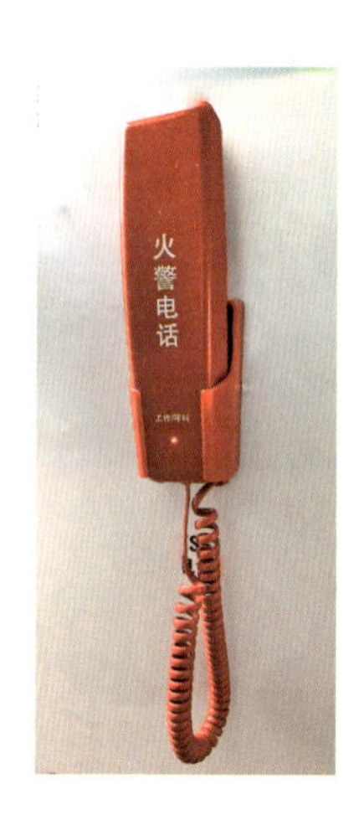

图 2-1 消防电话实景图

常见问题和解决方法:

常见问题:消防电话底座安装不牢固。

解决方法:对消防电话底座进行加固。

操作注意事项:进行加固操作时,应注意对线路的保护。

(2) 分机呼叫主机通话试验

维保技术要求:分机应能呼叫主机,接通后通话清晰。

检查周期:消防技术服务机构以年度为时间单位对消防设施进行周期性巡检、测试。

检查方法和步骤:

①摘下消防分机电话通话器,听筒内应能听见电话的呼铃声,电话指示灯应点亮并保持;

②电话主机应有振铃声并显示来电分机编号;

③消防控制室值班人员摘下消防电话总机通话器,按下接通按钮,应能与消防电话分机全双工语音通信,通话语音应清晰;

④结束通话。

分机呼叫主机实景图如图 2-2 所示。

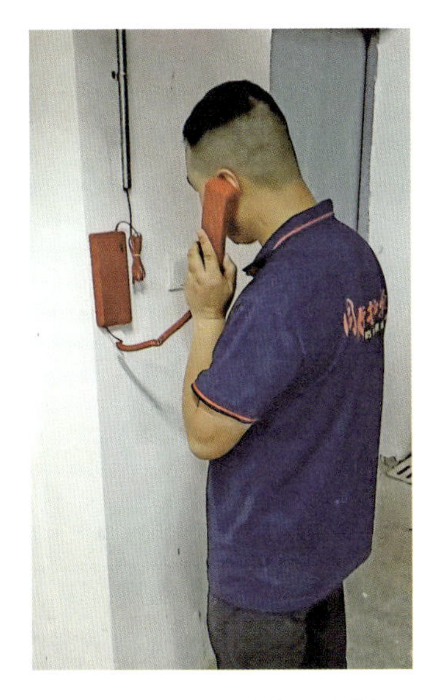

图 2-2 分机呼叫主机实景图

常见问题和解决方法：

常见问题 1：消防电话分机不能与消防电话总机正常通话。

解决方法：检查排除线路、模块、分机电话及电话主机故障，更换损坏的电话分机或电话主机。

常见问题 2：手持电话插入手动报警按钮电话插孔内，不能与总机正常通话。

解决方法 1：检查排除电话插孔内异物；

解决方法 2：检查排除线路、模块、手持电话及电话主机是否故障。

常见问题 3：显示来电分机号码与现场编号不一致。

解决方法：核对现场位置，重新编号。

操作注意事项：电话线路检查时，应确保接线正确。

(3) 主机呼叫分机通话试验

维保技术要求：主机应能呼叫分机，接通后通话清晰。

检查周期：消防技术服务机构以年度为时间单位对消防设施进行周期性巡检、测试。

检查方法和步骤：

①消防控制室值班人员摘下电话总机通话器，拨通分机号；

②听筒内应能听见电话的呼铃声；

③对应分机应能听到振铃声，现场人员摘下通话器，应能与总机全双工语音通信，通话语音应清晰，电话指示灯应点亮并保持；

④结束通话。

主机呼叫分机实景图如图 2-3 所示。

图 2-3　主机呼叫分机实景图

常见问题和解决方法：

常见问题 1：消防电话总机不能与消防电话分机正常通话。

解决方法：检查排除线路、模块、分机电话及电话主机故障，更换损坏的电话分机或电话主机。

常见问题 2：分机号码与现场编号不一致。

解决方法：核对现场编号，重新根据现场位置修正。

操作注意事项：电话线路检查时，应确保接线正确。

2. “119”直拨电话

维保技术要求：消防控制室应设置可直接报警的外线电话，且能正常通话。

检查周期：单位消防控制室值班人员每日对消防设施进行日常巡查。

检查方法和步骤：消防控制室值班人员用外线电话拨出电话，查看是否能拨通、通话正常并显示其号码。

常见问题和解决方法：

常见问题：不能拨出电话或无法通话。

解决方法：通知通信运营商予以解决。

操作注意事项：测试外线电话直拨功能时，不应直接拨打 119、110、120 等紧急电话。

3. 应急广播

消防应急广播系统常见联动触发信号、联动控制及联动反馈信号情况如表 2-1

所示。

表 2-1 消防应急广播系统常见联动触发信号、联动控制及联动反馈信号

系统名称	联动触发信号	联动控制	联动反馈信号
消防应急广播系统	同一报警区域内两只独立的火灾探测器或一个火灾探测器与一个手动火灾报警按钮的报警信号	确认火灾后启动建筑内所有火灾声光警报器、启动消防应急广播	消防应急广播分区的工作状态

(1) 外观及安装

维保技术要求:应急广播外观应无损坏、安装牢固。

检查周期:消防技术服务机构以月为时间单位对消防设施进行定期巡检、测试。

检查方法和步骤:目测观察。

应急广播实景图如图 2-4 所示。

图 2-4 应急广播实景图

常见问题和解决方法:

常见问题 1:应急广播安装不牢固。

解决方法:重新加固。

常见问题 2:应急广播外壳损坏。

解决方法:更换外壳或设备。

操作注意事项:当登高作业时,应执行登高作业安全管理方案及做好防护措施,避免人身安全事故发生。

(2) 全楼广播功能

维保技术要求:当火灾确认后,应同时向全楼进行广播。

检查周期:消防技术服务机构以年度为时间单位对消防设施进行周期性巡检、测试。

检查方法和步骤：

①将火灾报警控制器置于自动状态；

②使用火灾探测器试验装置使报警区域内符合联动控制触发条件的两只火灾探测器，或一个火灾探测器和一个手动火灾报警按钮发出火灾报警信号；

③全楼应急广播应联动启动，与火灾声警报器交替播放；

④将功放机音量旋钮开至最大；

⑤使用声级计在最远点测试声压级并记录，与场所正常声压级进行比对、判定；

⑥手动按下火灾报警控制器复位键进行复位，火灾报警控制器的声、光信号消除，广播盘恢复至准工作状态。

常见问题和解决方法：

常见问题1：应急广播未动作或音量分贝过低。

解决方法1：检查确认功放机电源开启、音量旋钮开至最大；

解决方法2：检查修正控制逻辑；

解决方法3：检查排除线路、模块、设备故障；

解决方法4：检查修正现场设备注册类型。

常见问题2：声压级不符合要求。

解决方法1：检查确认功放机音量旋钮开至最大；

解决方法2：查询图纸以及核对功放功率后，增设或更换扬声器。

常见问题3：应急广播与火灾声警报器未交替工作。

解决方法：重新设置控制逻辑。

常见问题4：应急广播扬声器前端音量分贝正常，后端音量分贝降低。

解决方法：检查排除功放机功率不足的问题。

操作注意事项：

①当登高作业时，应执行登高作业安全管理方案及做好防护措施，避免人身安全事故发生。

②对现场设备进行维修前，应先断开电源。

三　消防应急照明和疏散指示系统

消防应急照明和疏散指示系统的定义和作用

当发生火灾时，为人员疏散和消防作业提供应急照明和疏散指示的建筑消防系统。消防应急照明与疏散指示系统的作用是在火灾等紧急情况下，帮助建筑内的人群选择逃生疏散路线，指引安全逃生方向和提供必要的照明，以帮助人员迅速安全地撤离现场。

消防应急照明和疏散指示系统的组成

消防应急照明和疏散指示系统由疏散指示标志灯具、应急照明灯具、应急照明分配电装置或集中电源、各种控制模块组成。

消防应急照明和疏散指示系统的维护保养的意义

对消防应急照明和疏散指示系统进行定期维护保养，及时清理故障，确保消防设施正常运行，发挥有效的指引和照明功能。

消防应急照明和疏散指示系统教学图如图 3-1 所示。

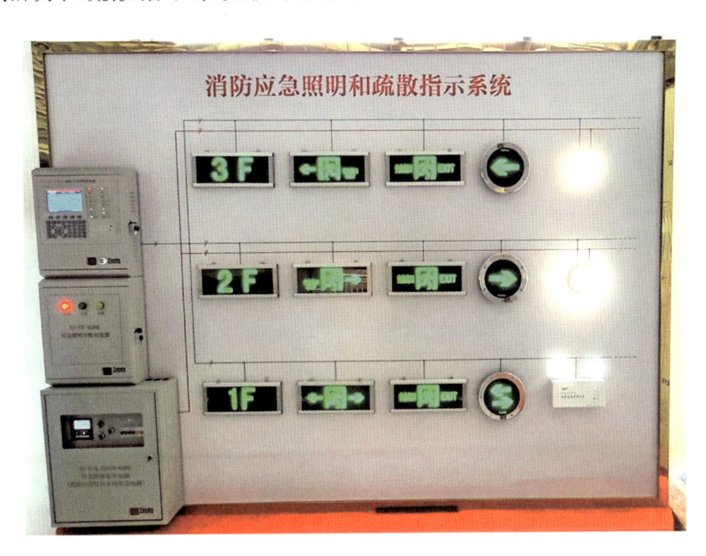

图 3-1　消防应急照明和疏散指示系统教学图

1. 外观及安装

维保技术要求：外观无破损、变形，安装牢固，电源指示灯应点亮。

检查周期:消防技术服务机构以月度为时间单位对消防设施进行周期性巡检、测试。

检查方法和步骤:目测观察。

图 3-2～图 3-7 为各种指示灯、标志灯以及照明灯具示意图。

图 3-2　安全出口方向指示灯

图 3-3　疏散方向指示灯(1)

图 3-4　疏散方向指示灯(2)

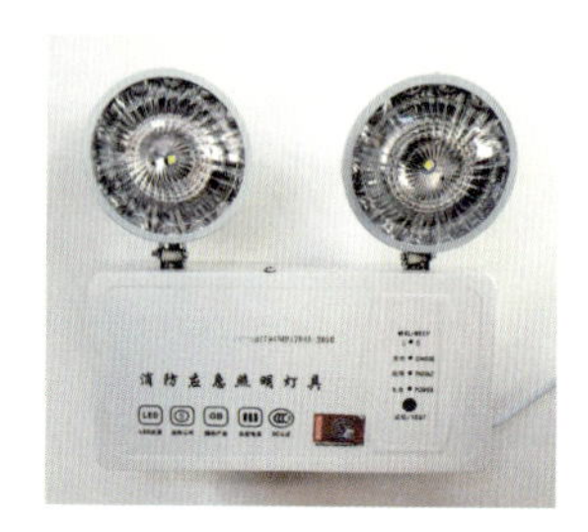

图 3-5　应急照明灯具

图 3-6　楼层指示灯

图 3-7　安全出口标志灯

常见问题和解决方法:

常见问题 1:外观破损变形。

解决方法:更换损坏设备。

常见问题 2:安装不牢固。

解决方法:进行加固处理。

常见问题 3:电源指示灯不亮。

解决方法:排除电源故障。

操作注意事项:

①涉及高处作业时,应执行高处作业安全管理方案及做好防护措施。

②对现场设备进行维修前,应先断开电源。

③在维保中，发现设备电源连接方式不符合国家消防技术规范要求的情形，函告业主予以解决。

④根据建筑场所的特殊性，例如学校、医院、商场、体育馆等有可能存在设备易损坏或造成二次人身伤害的场所，函告业主加装“疏散指示标志灯防护罩”。

安全出口指示灯＋防护罩如图 3-8 所示。

图 3-8　安全出口指示灯＋防护罩

2. 切换功能

消防应急照明和疏散指示系统常见联动触发信号、联动控制及联动反馈信号情况如表 3-1 所示。

表 3-1　消防应急照明和疏散指示系统常见联动触发信号、联动控制及联动反馈信号

系统名称	联动触发信号	联动控制	联动反馈信号
消防应急照明和疏散指示系统	同一报警区域内两只独立的火灾探测器或一个火灾探测器与一个手动火灾报警按钮的报警信号	确认火灾后，由发生火灾的报警区域开始，按顺序启动全楼消防应急照明和疏散指示系统	—

维保技术要求：按下试验按钮，设备发出警报声，设备应转为应急点亮状态。切断测试区域的设备正常供电，测试区域的应急照明和疏散指示标志灯转入应急状态。

检查周期：非集中控制型应急照明系统由消防技术服务机构以月度为时间单位对消防设施进行周期性巡检、测试；集中控制型应急照明系统由消防技术服务机构以季度为时间单位对消防设施进行周期性巡检、测试。

检查方法和步骤：

①按下设备试验按钮模拟供电故障，设备发出警报声，设备转为应急点亮状态；

②将测试区域正常供电电源切断，测试区域设备转为应急点亮状态。

应急灯具模拟供电故障实景图如图 3-9 所示。

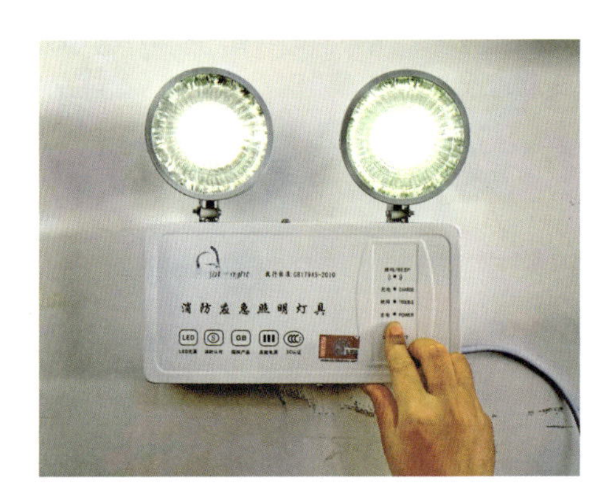

图 3-9　应急灯具模拟供电故障实景图

常见问题和解决方法：

常见问题 1：设备故障灯常亮，并发出警报声。

解决方法：维修或更换故障设备。

常见问题 2：测试时设备不能正常点亮。

解决方法：维修或更换故障设备。

3. 疏散指示标志灯设置

维保技术要求：安全出口标志应设置在疏散门的正上方；方向性的灯光疏散指示标志应设置在疏散走道及其转角处距地面高度 1.0 m 以下的墙面或地面上，间距不应大于 20 m，对于袋形走道：不应大于 10 m，在走道转角区：不应大于 1.0 m。

检查周期：消防技术服务机构以年度为时间单位对消防设施进行周期性巡检、测试。

检查方法和步骤：查阅设计图，现场核实安装间距、高度、数量是否与设计一致，是否满足规范要求。

安全出口指示灯现场安装实景图如图 3-10 所示。

(a)

(b)

图 3-10　安全出口指示灯现场安装实景图

常见问题和解决方法：

常见问题1：安装间距、高度、数量与设计不一致或不满足规范要求。

解决方法：函告业主增设或调整灯具。

常见问题2：灯具被障碍物遮挡。

解决方法：函告业主清除障碍物。

操作注意事项：

①涉及高处作业时，应执行高处作业安全管理方案及做好防护措施。

②对现场设备进行维修前，应先断开电源。

4. 持续应急工作时间

维保技术要求：建筑高度大于100 m的民用建筑，持续应急工作时间不应小于1.5 h；医疗建筑、老年人照料设施、总建筑面积大于100 000 m^2的公共建筑和总建筑面积大于20 000 m^2的地下、半地下建筑，不应少于1.0 h；其他建筑，不应少于0.5 h。

检查周期：单位消防巡检人员或消防技术服务机构每月对消防设施进行定期巡检、测试。

检查方法和步骤：将测试区域正常供电电源切断，测试区域设备转为应急点亮状态，用计时器记录设备的应急时间。

常见问题和解决方法：

常见问题：应急时间不满足技术要求。

解决方法：更换设备。

操作注意事项：

①涉及高处作业时，应执行高处作业安全管理方案及做好防护措施。

②对现场设备进行维修前，应先断开电源。

③测试过程中注意观察，对不满足技术要求的设备做好标记。

5. 场所照度

维保技术要求：建筑内疏散照明的地面最低水平照度应符合下列规定：对于疏散走道，不应低于1.0 lx；对于人员密集场所、避难层(间)，不应低于3.0 lx；对于老年人照料设施、病房楼或手术部的避难间，不应低于10.0 lx；对于楼梯间、前室或合用前室、避难走道，不应低于5.0 lx；对于人员密集场所、老年人照料设施、病房楼或手术部内的楼梯间、前室或合用前室、避难走道，不应低于10.0 lx；消防控制室、消防水泵房、自备发电机房、配电室、防排烟机房以及发生火灾时仍需正常工作的消防设备房应设置备用照明，其作业面的最低照度不应低于正常照明的照度。

检查周期：消防技术服务机构每季对消防设施进行定期巡检、测试。

检查方法和步骤：

①设备应急点亮后，使用照度计按以下要求对地面水平最低照度进行测量。

a) 场所内以距离围合结构500 mm围合的区域作为测量区域进行测量，取其最小值。

b）楼梯间或走道以其中心线为中心，1/2 楼梯宽度或走道宽度作为测量区域进行测量，取其最小值。

②记录测量数据，并与技术要求进行对比。

照度计实景图如图 3-11 所示。

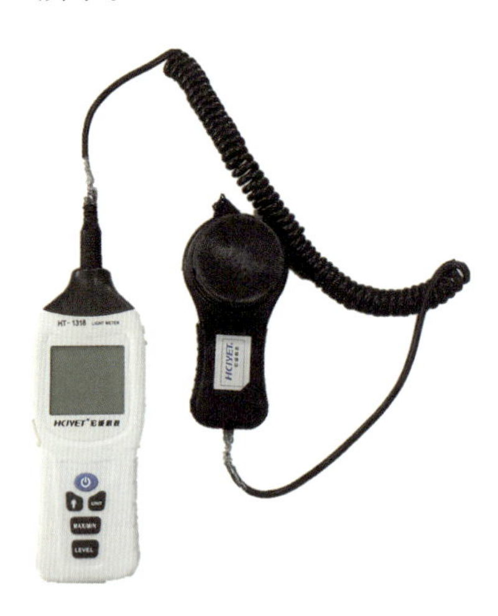

图 3-11　照度计实景图

常见问题和解决方法：

常见问题：场所最低照度不满足技术要求。

解决方法：函告业主增加或更换设备。

操作注意事项：

①涉及高处作业时，应执行高处作业安全管理方案及做好防护措施。

②对现场设备进行维修前，应先断开电源。

③测量过程中，对不满足技术要求的区域做好标记及时函告业主增加或更换设备。

四　消防供水设施

消防供水设施的定义和作用

消防供水设施是指为建筑消防给水系统储存并提供足够的消防水量和水压，确保消防给水系统供水可靠性的消防设施。

消防供水设施的组成

通常包括消防供水管道、消防水池、消防水箱、消防水泵、消防稳（增）压设备、消防水泵接合器等，是消防给水系统重要的组成部分。

消防供水设施维护保养的意义

消防供水设施是水灭火系统的心脏，对其进行定期维护保养，检查并及时维修设施出现的故障，确保消防给水系统一直保持完好有效，才能确保一旦发生火情，能第一时间供水灭火，并为火场灭火提供持续供水。

1. 消防水池、高位消防水箱

维保技术要求：查看最低报警水位、正常水位、最高报警水位、溢流水位的设计数据，核对消防水池、水箱的水位应满足设计要求。现场应有最低报警水位、正常水位、最高报警水位、溢流水位标示，平时消防水池、水箱水位应处于正常水位。

消防水池的具体技术要求如表 4-1 所示。

表 4-1　消防水池技术要求

补水	消防水池补水时间不宜大于 48 h，但当消防水池有效容积大于 2 000 m^3 时，不应大于 96 h，消防水池进水管管径应计算确定，且不应小于 DN100
容积	消防水池有效容积的计算应符合下列规定： 1. 当市政给水管网能保证室外消防给水设计流量时，消防水池的有效容积应满足在火灾延续时间内室内消防用水量的要求 2. 当市政给水管网不能保证室外消防给水设计流量时，消防水池的有效容积应满足火灾延续时间内室内消防用水量和室外消防用水量不足部分之和的要求
	当消防水池采用两路消防供水且在火灾情况下连续补水能满足消防要求时，消防水池的有效容积应根据计算确定，但不应小于 100 m^3，当仅设有消火栓系统时不应小于 50 m^3
市政消火栓与消防水池	市政消火栓或消防车从消防水池吸水向建筑供应室外消防给水时，应符合下列规定： 供消防车吸水的室外消防水池的每个取水口宜按一个室外消火栓计算，且其保护半径不应大于 150 m 距建筑外缘 5～150 m 的市政消火栓可计入建筑室外消火栓的数量，但当为消防水泵接合器供水时，距建筑外缘 5～40 m 的市政消火栓可计入建筑室外消火栓的数量 当市政水管为环状时，符合上述内容的室外消火栓出流量宜计入建筑室外消火栓设计流量；但当市政给水管网为枝状时，计入建筑的室外消火栓设计流量不宜超过一个市政消火栓的出流量

续表

分格分座	消防水池的总蓄水有效容积大于 500 m^3 时，宜设两格能独立使用的消防水池；当大于 1 000 m^3 时，应设置能独立使用的两座消防水池。每格(或座)消防水池应设置独立的出水管，并应设置满足最低有效水位的连通管，且其管径应能满足消防给水设计流量的要求
取水口	储存室外消防用水的消防水池或供消防车取水的消防水池，应符合下列规定： (1) 消防水池应设置取水口(井)，且吸水高度不应大于 6 m (2) 取水口(井)与建筑物(水泵房除外)的距离不宜小于 15 m (3) 取水口(井)与甲、乙、丙类液体储罐等构筑物的距离不宜小于 40 m (4) 取水口(井)与液化石油气储罐的距离不宜小于 60 m，当采取防止辐射热保护措施时，可为 40 m
共用	消防用水与其他用水共用的水池，应采取确保消防用水量不作他用的技术措施
液位	消防水池应设就地水位显示装置，并应在消防控制中心或值班室等地点设置显示消防水位的装置，同时应有最高和最低报警水位
排水	消防水池应设置溢流水管和排水设施

消防水池示意图如图 4-1、图 4-2 所示。

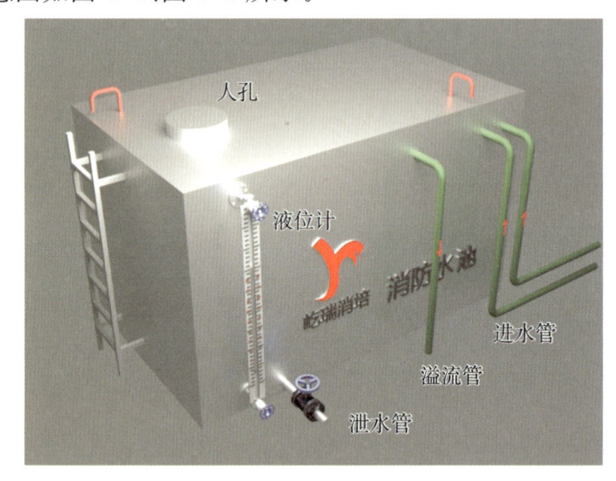

图 4-1　消防水池示意图(1)

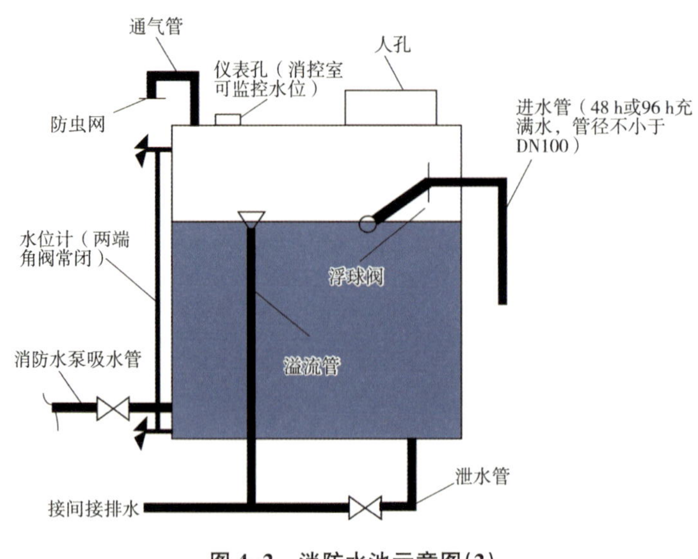

图 4-2　消防水池示意图(2)

消防水箱的具体技术要求如表 4-2 所示。

表 4-2 消防水箱技术要求

设置要求	(1) 高层民用建筑、总建筑面积大于 10 000 m^2 且层数超过 2 层的公共建筑和其他重要建筑，必须设置高位消防水箱 (2) 其他建筑应设置高位消防水箱，但当设置高位消防水箱确有困难，且采用安全可靠的消防给水形式时，可不设高位消防水箱，但应设稳压泵 (3) 当市政供水管网的供水能力在满足生产、生活最大用水量后，仍能满足初期火灾所需的消防流量和压力时，市政直接供水可替代高位消防水箱
进水管	(1) 进水管的管径应满足消防水箱 8 h 充满水的要求，但管径不应小于 DN32，进水管宜设置液位阀或浮球阀 (2) 进水管管口的最低点高出溢流边缘的高度应等于进水管管径，但最小不应小于 100 mm，最大不应大于 150 mm
溢流管	溢流管的直径不应小于进水管直径的 2 倍，且不应小于 DN100，溢流管的喇叭口直径不应小于溢流管直径的 1.5～2.5 倍
出水管	(1) 高位消防水箱出水管管径应满足消防给水设计流量的出水要求，且不应小于 DN100 (2) 高位消防水箱出水管应位于高位消防水箱最低水位以下，并应设置防止消防用水进入高位消防水箱的止回阀
淹没深度	高位消防水箱的最低有效水位应根据出水管喇叭口和防止旋流器的淹没深度确定，当采用出水管喇叭口时，淹没深度不应小于 600 mm；当采用防止旋流器时应根据产品确定，且不应小于 150 mm 的保护高度
检修空间	高位消防水箱外壁与建筑本体结构墙面或其他池壁之间的净距，应满足施工或装配的需要，无管道的侧面，净距不宜小于 0.7 m；安装有管道的侧面，净距不宜小于 1.0 m，且管道外壁与建筑本体墙面之间的通道宽度不宜小于 0.6 m，设有人孔的水箱顶，其顶面与其上面的建筑物本体板底的净空不应小于 0.8 m
出水、排水、呼吸管，水位监测装置	均与消防水池保持一致
有效容积	临时高压消防给水系统的高位消防水箱的有效容积应满足初期火灾消防用水量的要求，并应符合下列规定： (1) 一类高层公共建筑，不应小于 36 m^3，但当建筑高度大于 100 m 时，不应小于 50 m^3，当建筑高度大于 150 m 时，不应小于 100 m^3 (2)多层公共建筑、二类高层公共建筑和一类高层住宅，不应小于 18 m^3，当一类高层住宅建筑高度超过 100 m 时，不应小于 36 m^3 (3) 二类高层住宅，不应小于 12 m^3 (4) 建筑高度大于 21 m 的多层住宅，不应小于 6 m^3 (5)工业建筑室内消防给水设计流量当小于或等于 25 L/s 时，不应小于 12 m^3，大于 25 L/s 时，不应小于 18 m^3 (6)总建筑面积大于 10 000 m^2 且小于 30 000 m^2 的商店建筑，不应小于 36 m^3，总建筑面积大于 30 000 m^2 的商店，不应小于 50 m^3，当与本条第(1)款规定不一致时应取其较大值
最低有效水位	高位消防水箱的设置位置应高于其所服务的水灭火设施，且最低有效水位应满足水灭火设施最不利点处的静水压力，并应按下列规定确定： (1) 一类高层公共建筑，不应低于 0.10 MPa，但当建筑高度超过 100 m 时，不应低于 0.15 MPa (2) 高层住宅、二类高层公共建筑、多层公共建筑，不应低于 0.07 MPa，多层住宅不宜低于 0.07 MPa (3) 工业建筑不应低于 0.10 MPa，当建筑体积小于 20 000 m^3 时，不宜低于 0.07 MPa (4) 自动喷水灭火系统等自动水灭火系统应根据喷头灭火需求压力确定，但最小不应小于 0.10 MPa (5) 当高位消防水箱不能满足上述(1)～(4)的静压要求时，应设稳压泵

消防水箱示意图如图4-3、图4-4所示。

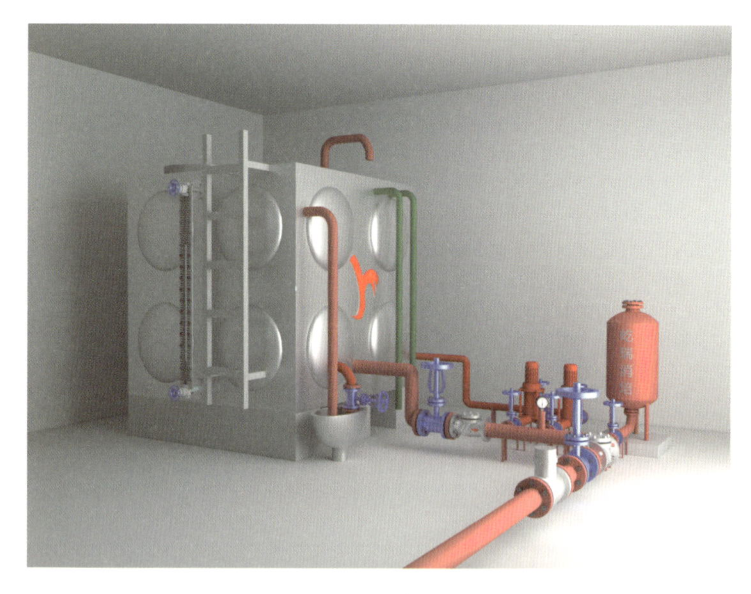

图4-3　消防水箱示意图(1)

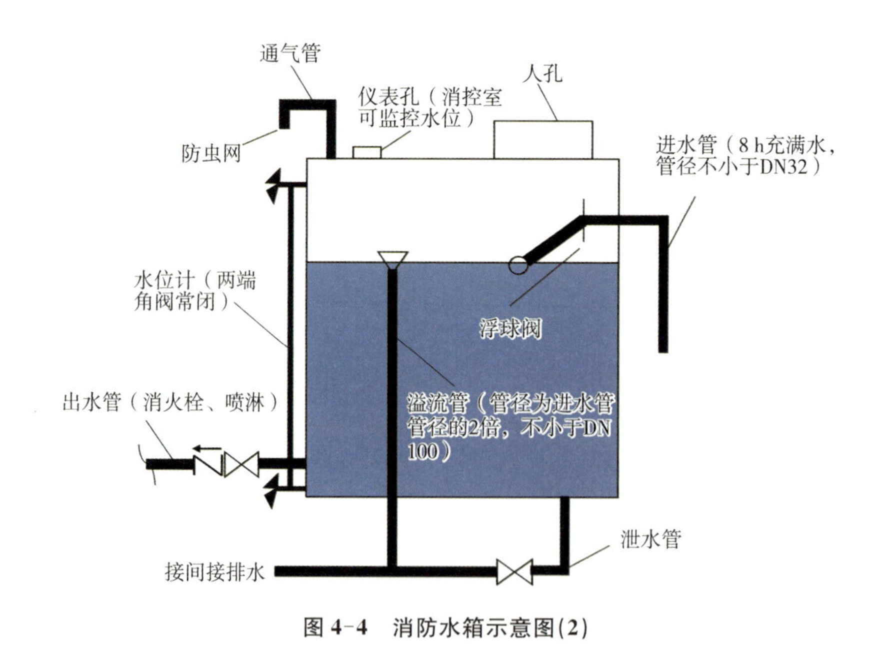

图4-4　消防水箱示意图(2)

检查周期:单位消防巡检人员每日对消防水池、高位消防水箱进行检查;消防技术服务机构每月对消防水池、高位消防水箱进行检查。

检查方法和步骤:

①现场观察就地液位显示装置,水位与补水口浮球阀截流高度应一致;

②消防控制室或现场观察电子液位显示装置,水位应处于正常水位值。当水位处于最高、最低水位时,应能发出报警信号。

就地液位显示装置如图 4-5 所示，电子液位显示装置如图 4-6 所示。

图 4-5　就地液位显示装置实景图

图 4-6　电子液位显示装置实景图

常见问题和解决方法：

常见问题 1：储水量低于有效水位。

解决方法 1：检查排除补水设施关闭或排除补水设施损坏的情形；

解决方法 2：检查消防水池/水箱是否渗漏，如渗漏应及时函告业主予以处理。

常见问题 2：消防水池/水箱溢流。

解决方法 1：检查排除损坏的补水设施（例如浮球阀损坏）；

解决方法 2：检查排除损坏的止回阀。

常见问题 3：电子液位信号报警装置读数异常。

解决方法 1：排除电子液位显示器、压力传感器故障；

解决方法 2：排除线路故障。

操作注意事项：消防水池/水箱有效容量应与设计容量一致，如不一致应及时函告业主予以解决。

2. 与生活用水共用消防水箱、消防水池,应有保证消防用水不被他用的措施

维保技术要求:当消防用水与其他用水共用消防水箱、水池时,必须保证国家规范规定的消防用水量,其他用水量不得占用消防用水。

检查周期:消防技术服务机构以年度为时间单位对消防设施进行周期性巡检、测试。

检查方法和步骤:目测观察其他用水出水管或真空破坏孔是否在消防用水规范值水位之上。

与生活用水共用消防水箱、消防水池示意图如图 4-7 所示。

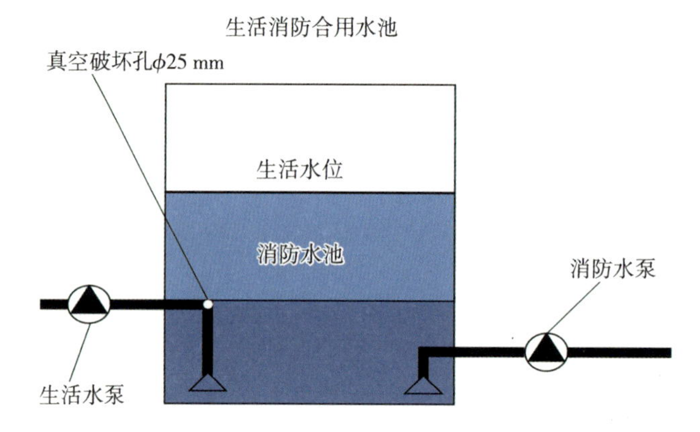

图 4-7　与生活用水共用消防水箱、消防水池示意图

常见问题和解决方法:

常见问题 1:其他用水出水管位于消防用水规范值水位之下,未设置真空破坏孔或其他保证消防用水的措施。

解决方法:将其他用水出水管设在消防用水规范值水位之上或在规范值水位线处出水管上开设真空破坏孔。

常见问题 2:真空破坏孔堵塞。

解决方法:清理排除堵塞杂物。

操作注意事项:

①当对消防水箱、水池进行改管作业时,因涉及水箱、水池结构安全,应函告业主由专业施工单位进行施工。

②涉及受限空间作业或高处作业时,应执行受限空间或高处作业安全管理方案及做好防护措施。

3. 消防水箱处止回阀功能

维保技术要求:消防水箱处止回阀应能保证消防水箱内的水单向流向管网。

检查周期:消防技术服务机构以年度为时间单位对消防设施进行周期性巡检、测试。

检查方法和步骤：

①将水泵控制柜置于手动状态；

②分别手动启动消火栓泵及喷淋泵；

③目测观察，相应管网内的水不应流入消防水箱内；

④停泵操作；

⑤将水泵控制柜置于自动状态。

消防水箱处止回阀如图 4-8 所示。

图 4-8　消防水箱处止回阀实景图

常见问题和解决方法：

常见问题：水泵启动后管网内的水流入消防水箱内。

解决方法 1：检查排除止回阀选型错误或安装错误；

解决方法 2：排除上述原因，则更换止回阀。

操作注意事项：

①测试前应确保安全泄压阀功能正常。

②启泵测试时间不宜过长。

③涉及受限空间作业或高处作业时，应执行受限空间或高处作业安全管理方案及做好防护措施。

4. 消防水泵/电机标志

维保技术要求：消防水泵应有用途及编号的标志；消防水泵具有固定安装的铭牌，铭牌应由抗腐蚀材料制成并置于易见位置（铭牌表面应标注的产品名称、产品型号、工况参数、最大工作压力、最大允许进口压力、150%额定流量下的出口压力、企业名称、生产日期）。

消防水泵技术的具体要求如表 4-3 所示。

表 4-3　消防水泵技术要求

额定流量	单台消防水泵的最小额定流量不应小于 10 L/s，最大额定流量不宜大于 320 L/s
不设备用泵建筑	消防水泵应设置备用泵，其性能应与工作泵性能一致，但下列建筑除外： （1）建筑高度小于 54 m 的住宅和室外消防给水设计流量小于或等于 25 L/s 的建筑 （2）室内消防给水设计流量小于或等于 10 L/s 的建筑
性能	消防水系的性能应满足消防给水系统所需流量和压力的要求
	流量-扬程性能曲线应为无驼峰、无拐点的光滑曲线，零流量时的压力不应大于设计工作压力的 140%，且宜大于设计工作压力的 120%
	消防水泵所配驱动器的功率应满足所选水泵流量-扬程性能曲线上任何一点运行所需功率的要求
	当流量为设计流量的 150%时，其出口压力不应低于设计工作压力的 65%
	当采用电动机驱动的消防水泵时，应选择电动机干式安装的消防水泵
材质	（1）水泵外壳宜为球墨铸铁 （2）叶轮宜为青铜或不锈钢
水泵串联	流量不变，扬程增加
水泵并联	流量增加，扬程不变
控制与操作	消防水泵不应设置自动停泵的控制功能，停泵应由具有管理权限的工作人员根据火灾扑救情况确定
	消防水泵应确保从接到启泵信号到水泵正常运转的自动启动时间不应大于 2 min
	消防水泵出水干管上设置的压力开关、高位消防水箱出水管上的流量开关，或报警阀压力开关等开关信号应能直接自动启动消防水泵。消防水泵房内的压力开关宜引入消防水泵控制柜内
	消防水泵应能手动启停和自动启动
	消火栓按钮不宜作为直接启动消防水泵的开关，但可作为发出报警信号的开关或启动干式消火栓系统的快速启闭装置等
柴油机消防水泵	当采用柴油机消防水泵时应符合下列规定： （1）柴油机消防水泵应采用压缩式点火型柴油机 （2）柴油机的额定功率应校核海拔高度和环境温度对柴油机功率的影响 （3）柴油机消防水泵应具备连续工作的性能，试验运行时间不应小于 24 h （4）柴油机消防水泵的蓄电池应满足消防水泵随时自动启泵的要求
流量和压力测试	一组消防水泵应在消防水泵房内设置流量和压力测试装置，并应符合下列规定： （1）单台消防给水泵的流量不大于 20 L/s、设计工作压力不大于 0.50 MPa 时，泵组应预留测量用流量计和压力计接口，其他泵组宜设置泵组流量和压力测试装置 （2）消防水泵流量检测装置的计量精度应为 0.4 级，最大量程的 75%应大于最大一台消防水系设计流量值的 175% （3）消防水泵压力检测装置的计量精度应为 0.5 级，最大量程的 75%应大于最大一台消防水泵设计压力值的 165% （4）每台消防水泵出水管上应设置 DN65 的试水管，并应采取排水措施

检查周期：消防技术服务机构以年度为时间单位对消防设施进行周期性巡检、测试。

检查方法和步骤：

①现场目测观察，泵体/电机明显部位标明其用途及编号的标志；

②现场目测观察，铭牌应由抗腐蚀材料制成并置于易见位置。

消防泵铭牌实景图如图 4-9 所示，电动机铭牌实景图如图 4-10 所示。

图 4-9 消防泵铭牌实景图

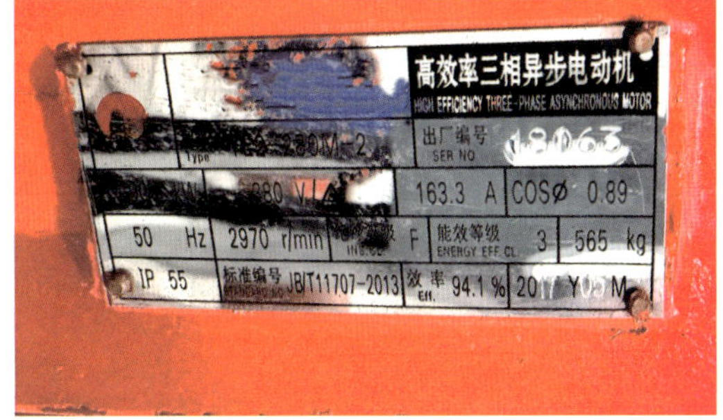

图 4-10 电动机铭牌实景图

常见问题和解决方法：

常见问题 1：未设标志或标志不明显。

解决方法：重新加注标志。

常见问题 2：灰尘、污垢覆盖铭牌表面或字体氧化腐蚀不清。

解决方法：表面清洁，铭牌损毁严重则需函告业主提供该设备档案备查。

操作注意事项：在消防水泵维护保养过程中进行的除锈或油漆作业应对铭牌进行有效保护。

5. 消防水泵出水管标志

维保技术要求：水泵出水管上应标明用途、水流方向。

消防水泵出水管技术的具体要求如表 4-4 所示。

表 4-4 消防水泵出水管技术要求

阀门	消防水泵的出水管上应设止回阀、明杆闸阀；当采用蝶阀时，应带有自锁装置；当管径大于 DN300 时，宜设置电动阀门 消防水泵出水管上应安装消声止回阀、控制阀和压力表
流速	消防水泵出水管的直径小于 DN250 时，其流速宜为 1.5～2.0 m/s；直径大于 DN250 时，其流速宜为 2.0～2.5 m/s
压力表最大量程	消防水泵出水管压力表的最大量程不应低于其设计工作压力的 2 倍，且不应低于 1.60 MPa
试水管	每台消防水泵出水管上应设置 DN65 的试水管，并应采取排水措施

检查周期：消防技术服务机构以年度为时间单位对消防设施进行周期性巡检、测试。

检查方法和步骤：现场目测观察。

常见问题和解决方法：

常见问题：未标明用途、水流方向。

解决方法：使用耐久性材料悬挂、粘贴或在管道上喷涂标明用途、水流方向。

操作注意事项：为便于消防设施维护管理，管网上应有水流方向的标识，用途、水流方向应与系统对应。

消防水泵的吸水管、出水管分别如图 4-11、图 4-12、图 4-13、图 4-14 所示。

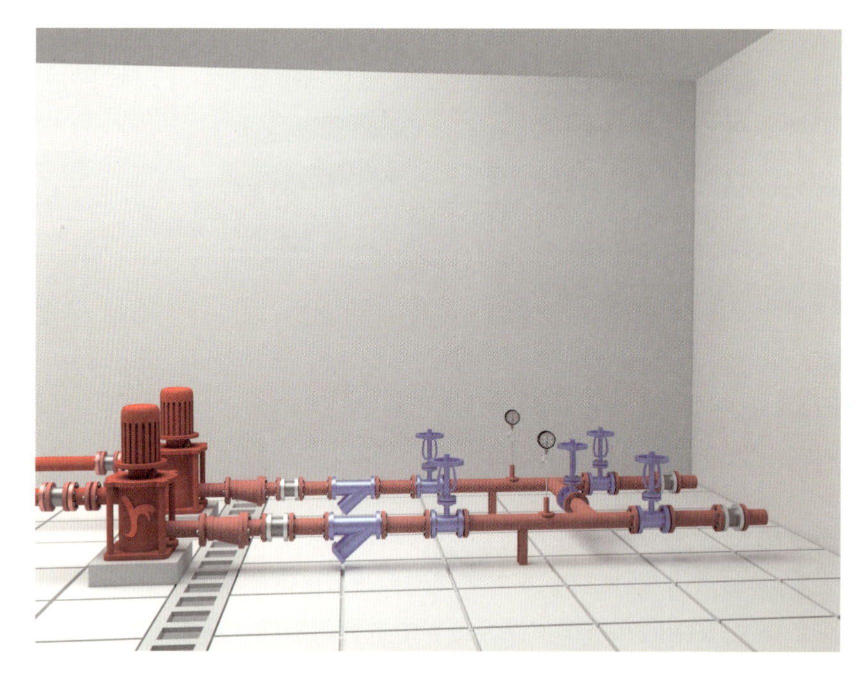

图 4-11　消防水泵吸水管示意图

图 4-12　消防水泵出水管标志图

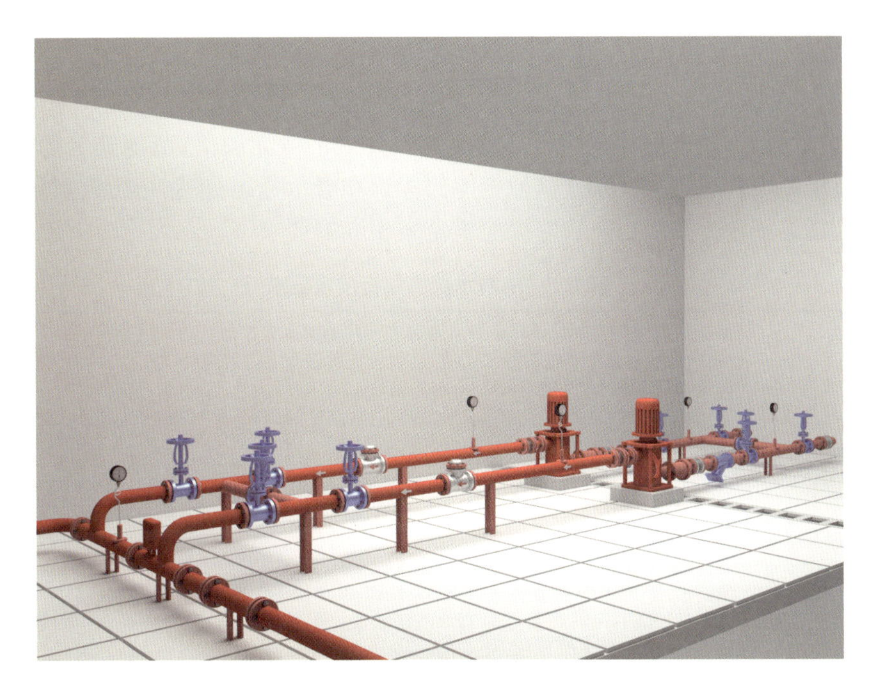

图 4-13 消防水泵吸水管、出水管示意图

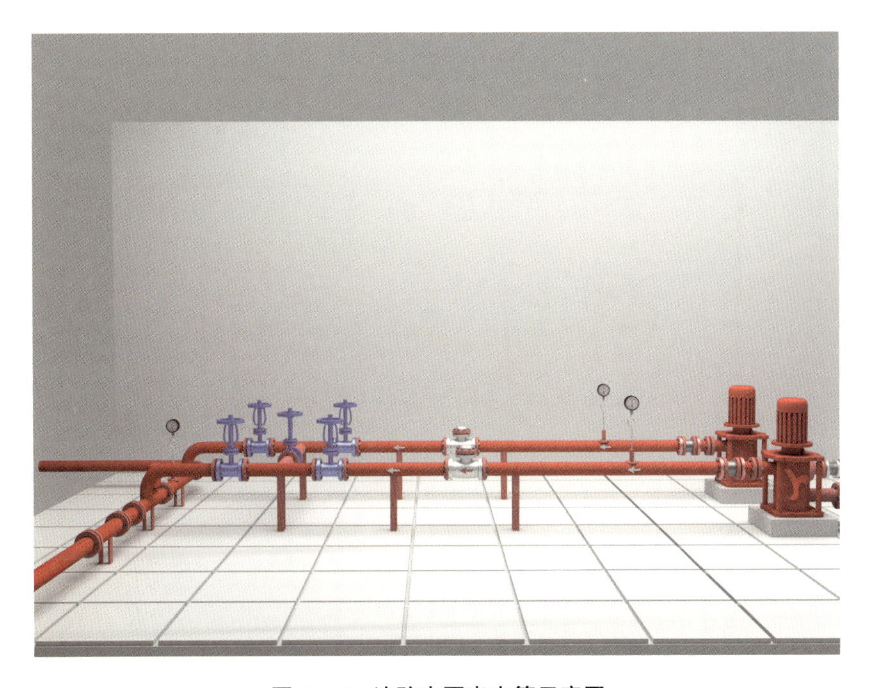

图 4-14 消防水泵出水管示意图

6. 消防水泵控制柜外观

维保技术要求：控制柜外观应干净、无污垢、外观油漆无脱落，落地安装的电控柜应安装平稳；控制柜外观应有区别于其他柜体的标识和警示标志；控制柜防火封堵应完善；柜门铰链、锁具正常。控制柜防护等级应满足表 4-5 的要求。

表 4-5　消防水泵控制柜技术要求

消防控制室或值班室	消防水泵控制柜应设置在消防水泵房或专用消防水泵控制室内，并应符合下列要求： 1. 当自动水灭火系统为开式系统，且设置自动启动确有困难时，经论证后消防水泵可设置在手动启动状态，并应确保 24 h 有人值班 2. 消防控制柜或控制盘应能显示消防水池、高位消防水箱等水源的高水位、低水位报警信号以及正常水位
防护等级	消防水泵控制柜设置在专用消防水泵控制室时，其防护等级不应低于 IP30；与消防水泵设置在同一空间时，其防护等级不应低于 IP55
水淹	消防水泵控制柜应采取防止被水淹没的措施
机械应急启泵功能	消防水泵控制柜应设置机械应急启泵功能，并应保证在控制柜内的控制线路发生故障时由有管理权限的人员在紧急时启动消防水泵。机械应急启动时，应确保消防水泵在报警 5.0 min 内正常工作
水泵串联	当消防给水分区供水采用转输消防水泵时，转输泵宜在消防水泵启动后再启动；当消防给水分区供水采用串联消防水泵时，上区消防水泵宜在下区消防水泵启动后再启动

检查周期：消防技术服务机构以月为时间单位对消防设施进行定期巡检、测试。

检查方法和步骤：目测观察。

消火栓泵控制柜、喷淋泵控制柜实景图分别如图 4-15、图 4-16 所示。

图 4-15　消火栓泵控制柜实景图

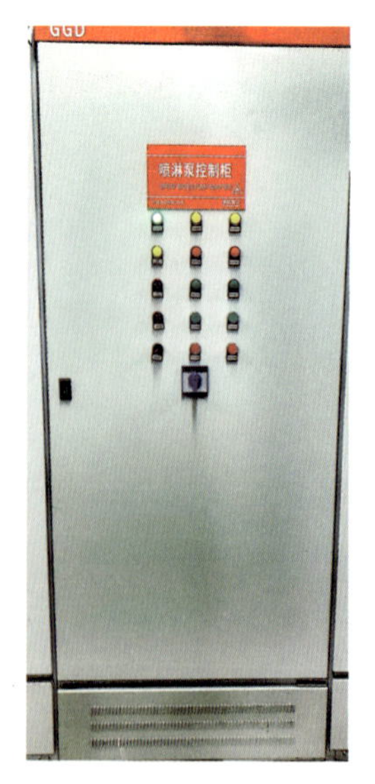

图 4-16　喷淋泵控制柜实景图

常见问题和解决方法：

常见问题 1：控制柜表面存在灰尘、污垢、锈蚀、油漆脱落。

解决方法：使用除尘风机清理表面灰尘，清理污垢；对锈蚀部位和油漆脱落部位用消防设施维修保养专用除锈喷剂进行除锈作业和补漆处理。

常见问题2:控制柜外观无区别于其他柜体的标识。

解决方法:应粘贴标识牌或喷涂消防水泵控制柜字样和悬挂粘贴防误操作警示。

常见问题3:控制柜防火封堵未完善。

解决方法:函告业主及时对控制柜进行有效防火封堵。

常见问题4:柜门铰链、锁具损坏。

解决方法:使用消防设施维修保养专用润滑喷剂进行润滑或更换五金配件。

常见问题5:控制柜防护等级不符合技术要求。

解决方法:函告业主及时进行处理。

操作注意事项:

①在进行控制柜维护保养作业时,应充分考虑水泵房实际环境,如存在湿度过大,需谨慎操作,警惕触电风险。

②在进行控制柜除尘、除锈、补漆等,特别是进行防火封堵操作前应断电操作,警惕触电风险,操作人员进行断电应具备相应电工操作资格,作业工具保持绝缘性完好。

③控制柜防护等级要求:消防水泵控制柜设置在专用消防水泵控制室时,其防护等级不应低于IP30;与消防水泵设置在同一空间时,其防护等级不应低于IP55。

7. 消防水泵控制柜工作指示灯

维保技术要求:控制柜上所有工作指示灯应处于正常工作状态。

检查周期:单位消防巡检人员每日对消防设施进行日常巡查。

检查方法和步骤:目测观察。

消火栓泵、喷淋泵控制柜工作指示灯实景图如图4-17所示。

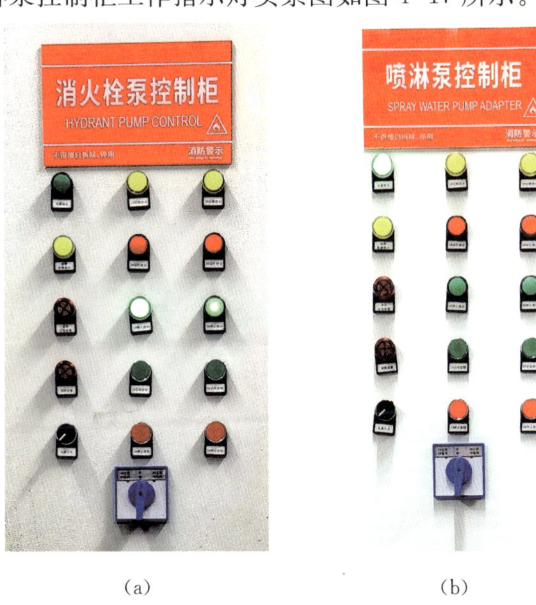

(a) (b)

图4-17 消火栓泵、喷淋泵控制柜工作指示灯实景图

常见问题和解决方法：

常见问题 1：常用电源指示灯不亮。

解决方法：检查排除设备未通电或线路故障，排除指示灯故障。

常见问题 2：常用电源指示灯脱落、损坏。

解决方法：更换或重新安装指示灯。

操作注意事项：当进行指示灯故障排除时，须警惕触电风险，操作人员应具备相应电工操作资格，作业工具保持绝缘性完好。

8. 控制柜电压、电流表

维保技术要求：在消防水泵控制柜上手动按下启动按钮，电控柜上电流表、电压表读数指示应正常（水泵正常启动后电流表数值不应大于水泵铭牌上电流值，电压值应是水泵规定值）。

检查周期：消防技术服务机构以月为时间单位对消防设施进行定期巡检、测试。

检查方法和步骤：

①将消防水泵控制柜上的手/自动转换开关置于手动位置；

②按下手动按钮启动消防水泵，水泵运行平稳后，观察电流表、电压表读数；

③测试完毕后，将控制柜恢复至自动状态；

④测试时火灾报警控制器应收到反馈信息，测试结束后将火灾报警控制器进行复位操作。

控制柜电压、电流表实景图如图 4-18 所示。

(a)

(b)

图 4-18 控制柜电压、电流表实景图

常见问题和解决方法：

常见问题 1：启动电流、电压大于水泵额定电流、电压。

常见问题 2：电压表及电流表损坏。

解决方法：涉及水泵控制柜专业技术，应函告业主联系生产厂家专业技术人员进行处理。

操作注意事项：

①启泵前应确保泄压阀功能正常。

②启泵测试时间不宜过长。

9. 手/自动切换装置

维保技术要求:按钮/旋钮功能切换正常,标志清晰。
检查周期:消防技术服务机构以月为时间单位对消防设施进行定期巡检、测试。
检查方法和步骤:
①旋转控制柜上的手/自动转换装置或按下按钮,查看控制柜上指示灯是否与标志相符;
②恢复至自动状态。
手/自动切换装置如图 4-19 所示。

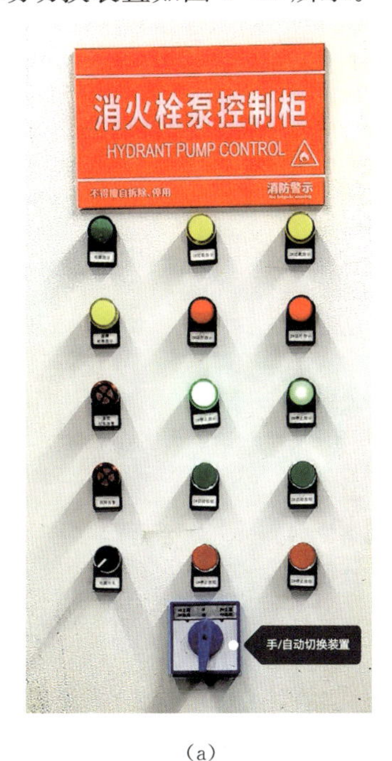

(a)

(b)

图 4-19　手/自动切换装置

常见问题和解决方法:
常见问题 1:手/自动转换按钮损坏、指示灯损坏。
解决方法:更换按钮或指示灯。
常见问题 2:标志模糊。
解决方法:更换标志。
操作注意事项:该项检查应与水泵运行情况相结合,能有效切换运行,即判定为正常;在进行手/自动转换按钮或指示灯更换时,须警惕触电风险;操作人员应具备相应电工操作资格,作业工具保持绝缘性完好。

10. 水泵/电机外观质量及安装质量

维保技术要求:水泵外观应干净整洁、无污垢、油漆无脱落且安装牢固。
检查周期:消防技术服务机构以月为时间单位对消防设施进行定期巡检、测试。

检查方法和步骤：

①目测观察水泵外观、接线端口防护盖是否松动，电机防护罩是否损坏；

②用扳手紧固螺栓查看水泵安装的牢固性；

③目测观察电机保护罩旋转方向标识；

④目测观察水泵是否漏水。

消防水泵实景图如图 4-20、图 4-21 所示。

图 4-20　消防水泵实景图(1)

图 4-21　消防水泵实景图(2)

常见问题和解决方法：

常见问题 1：水泵表面存在灰尘、污垢、锈蚀、油漆脱落。

解决方法:清理表面灰尘、污垢;对锈蚀部位和油漆脱落部位用消防设施维修保养专用除锈喷剂进行除锈和补漆处理。

常见问题 2:螺栓锈蚀严重。

解决方法:使用消防设施维修保养专用除锈喷剂及消防设施维修保养专用润滑喷剂进行维护。

操作注意事项:如水泵存在漏水,函告业主及时进行处理。

11. 消防水泵的手动启动

维保技术要求:在消防水泵控制柜手动启动消防水泵,消防水泵应能正常启动。

检查周期:消防技术服务机构以月为时间单位对消防设施进行定期巡检、测试。

检查方法和步骤:

①将消防水泵控制柜置于手动状态;

②按下对应水泵启动按钮,水泵应能正常启动;

③按下消防水泵控制柜停泵按钮;

④消防水泵控制柜恢复至自动状态;

⑤测试时火灾报警控制器应接收到反馈信息,测试结束后将火灾报警控制器进行复位操作。

常见问题和解决方法:

常见问题 1:按下启泵按钮后,水泵未启动。

解决方法 1:排除电源故障;

解决方法 2:检查排除启泵按钮故障;

解决方法 3:检查排除线路故障;

解决方法 4:检查排除水泵电机故障。

常见问题 2:水泵启动后运转不正常,存在异响。

常见问题 3:水泵启动后电机叶片旋转方向与标识方向相反(未向管网正常供水)。

解决方法 1:检查排除接线端上一级供电系统倒闸情况;

解决方法 2:消防水池出水端阀门关闭或消防水泵进水端缺水导致水泵空转;

解决方法 3:以上问题不能排除,函告业主联系水泵生产厂家或水泵专业技术人员检修处理。

操作注意事项:

①启泵前应确保泄压阀功能正常。

②启泵测试时间不宜过长。

12. 压力表

维保技术要求:消防供水系统上各区管网压力值应满足设计要求。

检查周期:消防技术服务机构以月为时间单位对消防设施进行定期巡检、测试。

检查方法和步骤：

①检查分区管网压力表显示数值应与设计压力一致；

②压力表表盘清晰无锈蚀、无水渍。

压力表实景图如图 4-22 所示。

(a)

(b)

(c)

图 4-22　压力表实景图

常见问题和解决方法：

常见问题：分区管网压力表显示数值应与设计压力不一致。

解决方法 1：检查排除压力表损坏情况；

解决方法 2：更换压力表并对压力表进行防水、防尘处理。

操作注意事项：

①压力表的选型规格应一致。

②压力表日常消防维护过程中应加强防水、防尘措施。

13. 安全泄压阀

维保技术要求：外观应干净整洁、无污垢、油漆无脱落；设定值应满足设计要求。

检查周期：消防技术服务机构以季度为时间单位对消防设施进行阶段性巡检、测试。

检查方法和步骤：

①目测观察安全泄压阀外观；

②将水泵控制柜置于手动状态；

③手动启动消防水泵，观察安全泄压阀，到达设计泄压值，安全泄压阀应能动作泄压；压力低于泄压值，阀门自动关闭；

④停泵操作；

⑤将水泵控制柜恢复到自动状态；

⑥测试时火灾报警控制器应收到反馈信息，测试结束后将火灾报警控制器进行复位操作。

常见问题和解决方法：

常见问题 1：安全泄压阀表面存在灰尘、污垢、锈蚀、油漆脱落。

解决方法：使用消防设施维修保养专用除锈喷剂进行除锈，设备螺栓使用消防设施维修保养专用润滑喷剂进行维护。

安全泄压阀实景图如图 4-23 所示。

图 4-23 安全泄压阀实景图

常见问题 2：安全泄压阀泄压功能异常。

解决方法 1：检查排除泄压设定值与设计不一致的情形，参照检查方法和步骤进行调节；

解决方法 2：检查排除安全泄压阀阀件损坏的情形，及时更换安全泄压阀。

操作注意事项：

①安全泄压阀调节螺栓是否紧固锁定。

②当安全泄压阀达到泄压值未泄压，应及时停泵，避免管网因压力过大受损。

14. 现场手动按钮功能及信号反馈

维保技术要求：在消防水泵控制柜上按下手动启动按钮，消防泵启动且信号应反馈至火灾报警控制器。

检查周期：消防技术服务机构以月为时间单位对消防设施进行定期巡检、测试。

检查方法和步骤：

①将消防水泵控制柜上手/自动转换开关置于手动状态；

②在消防水泵控制柜上按下手动启动按钮，消防水泵应正常启动且火灾报警控制器应收到反馈信号；

③在消防水泵控制柜上按下停止按钮，消防水泵应停止；

④将消防水泵控制柜恢复到自动状态；

⑤对火灾报警控制器进行复位操作。

常见问题和解决方法:

常见问题 1:按下手动启动按钮,水泵未启动。

常见问题 2:水泵启动后,火灾报警控制器未收到启泵反馈信号。

解决方法 1:检查排除消防水泵控制柜电源故障;

解决方法 2:检查排除启泵按钮故障;

解决方法 3:检查排除线路故障;

解决方法 4:检查排除消防水泵电机故障。

操作注意事项:

①启泵前应确保安全泄压阀功能正常。

②启泵测试时间不宜过长。

③出现消防水泵电机故障时,函告业主联系水泵生产厂家或水泵专业技术人员检修处理。

15. 主备泵切换功能

维保技术要求:当消防主泵故障时,备用泵应在 2 min 内自动投入运行。

检查周期:消防技术服务机构以季度为时间单位对消防设施进行阶段性巡检、测试。

检查方法和步骤:

①将水泵控制柜置于自动状态;

②按下火灾报警控制器多线控制盘上的消防水泵起泵按钮,消防水泵启动;

③断开消防水泵控制柜内动作水泵空开或按下动作水泵模拟故障按钮,应在 2 min 内自动切换启动备泵。

常见问题和解决方法:

常见问题 1:主泵故障,备泵不能自动启动。

常见问题 2:主备泵切换时间大于 2 min。

解决方法 1:检查排除备用泵故障;

解决方法 2:检查排除线路故障;

解决方法 3:检查排除水泵控制柜电器元件故障。

操作注意事项:

①涉及消防水泵、消防水泵电源线路、消防水泵控制柜故障,应由水泵专业技术人员进行维修处置。

②启泵前应确保安全泄压阀功能正常。

③启泵测试时间不宜过长。

16. 增压稳压装置气压罐外观

维保技术要求:气压罐外观应干净、无污垢、无锈蚀、油漆无脱落,压力表显示读数正常。

检查周期:消防技术服务机构以月为时间单位对消防设施进行定期巡检、测试。

检查方法和步骤:目测观察气压罐外观及压力表读数。

增压稳压设施实景图如图 4-24 所示。

图 4-24　增压稳压设施实景图

常见问题和解决方法：

常见问题 1：气压罐表面存在灰尘、污垢、锈蚀、油漆脱落。

解决方法：清理表面灰尘、污垢；对锈蚀部位和油漆脱落部位进行除锈和补漆处理。

常见问题 2：压力表读数异常。

解决方法 1：检查排除压力表损坏情况；

解决方法 2：检查排除气压罐漏气。

操作注意事项：

①对压力表进行防水防尘保护。

②对罐体连接阀门使用消防设施维护保养润滑喷剂进行保养。

17. 增压稳压设备

维保技术要求：当达到设计启动压力时，稳压泵应立即启动；当达到系统停泵压力时，稳压泵应自动停止运行；稳压泵启停应达到设计压力要求；稳压泵在正常工作时每小时的启停次数应符合设计要求，且不应大于 15 次/h。

稳压装置的具体技术要求如表 4-6 所示。

表 4-6　稳压装置技术要求

类型	稳压泵宜采用离心泵，并宜符合下列规定： (1) 宜采用单吸单级或单吸多级离心泵 (2) 泵外壳和叶轮等主要部件的材质宜采用不锈钢
设计流量	稳压泵的设计流量应符合下列规定： (1) 稳压泵的设计流量不应小于消防给水系统管网的正常泄漏量和系统自动启动流量 (2) 消防给水系统管网的正常泄漏量应根据管道材质、接口形式等确定，当没有管网泄漏量数据时，稳压泵的设计流量宜按消防给水设计流量的 1%～3%计，且不宜小于 1 L/s (3) 消防给水系统所采用报警阀压力开关等自动启动流量应根据产品确定

续表

设计压力	稳压泵的设计压力应符合下列要求： (1) 稳压泵的设计压力应满足系统自动启动和管网充满水的要求 (2) 稳压泵的设计压力应保持系统自动启泵压力设置点处的压力在准工作状态时大于系统设置自动启泵压力值，且增加值宜为 0.07～0.10 MPa (3) 稳压泵的设计压力应保持系统最不利点处水灭火设施在准工作状态时的静水压力大于 0.15 MPa
吸水管 出水管	吸水管应设明杆闸阀 稳压泵出水管应设置消声止回阀和明杆闸阀
备用泵	稳压泵应设置备用泵

检查周期：消防技术服务机构以月为时间单位对消防设施进行定期巡检、测试。

检查方法和步骤：

①将稳压泵控制柜置于自动状态；

②对管网进行放水试验(流量不应大于 1 L/s)，稳压泵应能自动启停；

③火灾报警控制器应能接收到稳压泵启动和停止的反馈信号；

④停止放水试验；

⑤查看稳压泵 1 h 内启停次数。

常见问题和解决方法：

常见问题 1：稳压泵不启动。

解决方法 1：修正稳压泵启泵压力设定值偏差；

解决方法 2：检查排除电接点压力表或压力变送器故障；

解决方法 3：检查排除稳压泵控制线路及电源线路故障；

解决方法 4：检查排除稳压泵故障。

常见问题 2：稳压泵不能正常恢复压力。

解决方法 1：检查排除管道内残存空气；

解决方法 2：检查排除管网漏水；

解决方法 3：检查关闭准工作状态时的常闭阀门；

解决方法 4：检查排除稳压泵故障；

解决方法 5：检查清除过滤器堵塞异物；

解决方法 6：检查函告业主更换正确型号的稳压泵；

解决方法 7：检查维修损坏的气压水罐。

常见问题 3：稳压泵频繁启动。

解决方法 1：检查修正稳压泵压力启停值；

解决方法 2：检查排除管网漏水；

解决方法 3：检查排除电接点压力表或压力变送器故障；

解决方法 4：检查排除控制柜故障；

解决方法 5：检查函告业主更换正确容积型号的气压水罐。

操作注意事项：

①在测试过程中，消防水泵房应有专业人员值守。

②当测试自动喷水灭火系统增压稳压设备时，放水流量应大于 1 L/s。

18. 水泵接合器

维保技术要求：水泵接合器应无破损、变形、锈蚀；水泵接合器组件应完整；消防水泵接合器永久性固定标志应能识别其所对应的消防给水灭火系统（室内消火栓系统和自动喷水灭火系统），当有分区时应有分区标识。

消防水泵接合器的具体技术要求如表 4-7 所示。

表 4-7 消防水泵接合器技术要求

应设置消防水泵接合器的场所	下列场所的室内消火栓给水系统应设置消防水泵接合器： (1) 高层民用建筑 (2) 设有消防给水的住宅、超过 5 层的其他多层民用建筑应设置消防水泵接合器 (3) 超过 2 层或建筑面积大于 10 000 m^2 的地下或半地下建筑(室)、室内消火栓设计流量大于 10 L/s 平战结合的人防工程场所 (4) 高层工业建筑和超过 4 层的多层工业建筑 (5) 城市交通隧道 (6) 自动喷水灭火系统、水喷雾灭火系统、泡沫灭火系统和固定消防炮灭火系统等水灭火系统，均应设置消防水泵接合器
给水流量	消防水泵接合器的给水流量宜按每个 10～15 L/s 计算设置位置
设置位置	水泵接合器应设在室外便于消防车使用的地点，且距室外消火栓或消防水池的距离不宜小于 15 m，并不宜大于 40 m
安装间距	墙壁消防水泵接合器的安装高度距地面宜为 0.70 m；与墙面上的门、窗、孔、洞的净距离不应小于 2.0 m，且不应安装在玻璃幕墙下方；地下消防水泵接合器的安装，应使进水口与井盖底面的距离不大于 0.4 m，且不应小于井盖的半径

检查周期：消防技术服务机构以季度为时间单位对消防设施进行阶段性巡检、测试。

地上式、地下式、墙壁式水泵接合器组件示意图如图 4-25 所示。

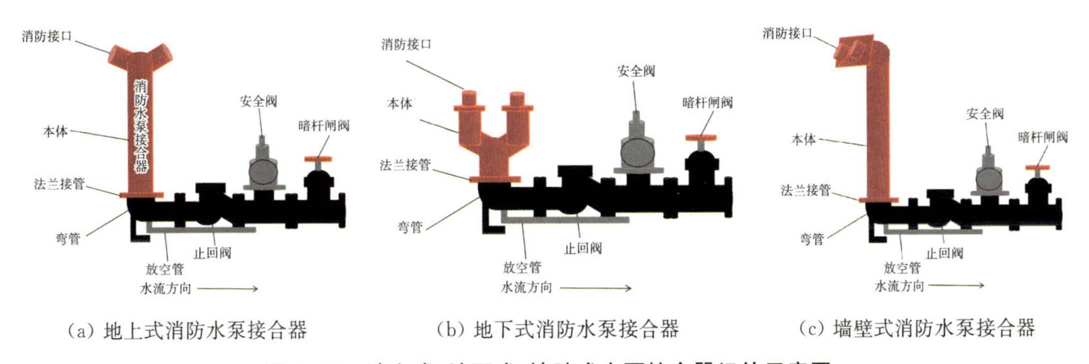

(a) 地上式消防水泵接合器　(b) 地下式消防水泵接合器　(c) 墙壁式消防水泵接合器

图 4-25 地上式、地下式、墙壁式水泵接合器组件示意图

检查方法和步骤：

①目测观察水泵接合器外观及组件是否完整、锈蚀，标识标牌是否完整；

②打开闷盖及控制阀，不应有水流出。

水泵接合器及其铭牌实景图如图 4-26 所示。

(a) (b)

(c) (d)

图 4-26 水泵接合器及其铭牌实景图

常见问题和解决方法:

常见问题 1:存在锈蚀、油漆脱落情况,阀门因锈蚀严重无法打开。

解决方法 1:使用消防设施维修保养专用除锈喷剂及消防设施维修保养专用润滑喷剂进行维护,再进行补漆操作;

解决方法 2:对老化锈蚀严重的设备进行更换。

常见问题 2:无水泵接合器标识或标识不完整。

解决方法:核对图纸,按用途和区域喷涂或悬挂水泵接合器标识。

常见问题 3:组件损坏或丢失。

解决方法:更换或补充组件,老化损毁严重的设备进行更换。

常见问题 4:打开闷盖及控制阀有水从接口内流出。

解决方法:检查排除止回阀损坏,排除后检查修正安装方向的错误。

操作注意事项:

①水泵结合器通常由接口、本体、连接管、止回阀、安全阀、放空阀、控制阀组成。

②对地上式水泵结合器安装防撞装置,冬季应对地上式水泵接合器进行保温。

③设置在绿化带内的地上式水泵接合器应注意定期对周围绿植进行清除,便于识别。

④地上式水泵接合器周围不得设置障碍物,会妨碍水泵接合器使用。

五　室内外消火栓系统

室内外消火栓系统的定义和作用

室内外消火栓系统主要由消防水源、给水设施、进水管、消防给水管网、室内外消火栓、控制设备等部分组成。室内外消火栓系统主要任务是向消火栓输送灭火用水，确保系统灭火功能。

(1) 室内消火栓

室内消火栓是室内消火栓管网向火场供水的终端设施，带有阀门接口，通常安装在室内消火栓箱内，与消防水龙、水枪等器材配套使用。

(2) 室外消火栓

室外消火栓是在建筑物室外消火栓管网向火场供水的终端设施，带有阀门接口，通常为消防车提供水源，同时还提供能与水带接口直接连接的接口，可以直接连接水带、水枪出水灭火。

室内外消火栓系统的组成

室内消火栓系统组成：高位消防水箱、消防水池、消防水泵、给水管网、给水设施、室内消火栓箱、室内消火栓、水带、水枪、消火栓按钮、水泵接合器等，部分型号的室内消火栓箱内会设置消防软管卷盘、轻便消防水龙、灭火器等。

室外消火栓系统组成：给水管网、室外消火栓环管、室外消火栓等。

室内外消火栓系统维护保养的意义

维护管理是室内外消火栓系统正常发挥作用的关键环节，为消防救援扑灭火灾。

1. 管网、支吊架、阀门

室内消防管网的具体技术要求如表 5-1 所示。

表 5-1　室内消火栓管网技术要求

管网布置	室内消火栓系统管网应布置成环状，当室外消火栓设计流量不小于 20 L/s，且室内消火栓不超过 10 个时，除另有规定外，可布置成枝状
管径	室内消防管道管径应根据系统设计流量、流速和压力规定经计算拟定；室内消火栓竖管管径应根据竖管最低流量经计算拟定，但不应小于 DN100

续表

检修规定	室内消火栓竖管应保证检修管道时： (1) 关闭停用的竖管不超过 1 根，当竖管超过 4 根时，可关闭不相邻的 2 根； (2) 每根竖管与供水横干管相接处应设置检修阀门
与自动喷水灭火系统管网合用	室内消火栓给水管网宜与自动喷水等其他水灭火系统的管网分开设立；当合用消防泵时，供水管路沿水流方向应在报警阀前分开设置
阀门的选择	室内架空管道的阀门宜采用蝶阀、明杆闸阀或带启闭刻度的暗杆闸阀等

(1) 管道外观

维保技术要求：架空管道应涂红色或红色环道标记以区别其他管道，管道不应漏水，表面无油漆脱落、锈蚀。

检查周期：消防技术服务机构以年度为时间单位对消防设施进行周期性巡检、测试。

检查方法和步骤：目测观察管道外观。

管道外观实景图如图 5-1 所示。

图 5-1　管道外观实景图

常见问题和解决方法：

常见问题 1：架空管道颜色为其他颜色。

解决方法：重新刷涂改为红色或标涂红色环圈。

常见问题 2：管道表面锈蚀、油漆脱落。

解决方法：使用消防设施维修保养专用除锈喷剂进行除锈，并进行补漆作业。

常见问题 3：管道漏水。

解决方法：检查排除管件连接处漏水或更换漏水管道。

操作注意事项：

①架空管道外应刷红色油漆或涂红色环圈标志，并应注明管道名称和水流方向标识。红色环圈标志，宽度不应小于 20 mm，间隔不宜大于 4 m，在一个独立的单元内环圈

不宜少于 2 处。

②涉及受限空间作业、高处作业及动火作业时，应执行受限空间、高处作业、动火作业安全管理方案及做好防护措施。

③当对老旧建筑消防管道维修更换时，我们应充分考虑原安装管道的承压能力，避免因更换管道后加压导致其余原安装管道的渗漏或损坏。

④当对长期消防管网未有效通水的建筑消防管网进行修复施工时，我们也应充分考虑原安装管道的实际承压能力。

⑤为便于消防设施维护管理，应在管网上标识出水流方向，用途、水流方向应与系统对应。

(2) 管道支、吊架

维保技术要求：支、吊架应无锈蚀、油漆无脱落，安装牢固。

检查周期：消防技术服务机构以月为时间单位对消防设施进行定期巡检、测试。

检查方法和步骤：

①目测观察；

②紧固螺栓测试安装牢固性。

管道支、吊架实景图如图 5-2 所示。

(a)

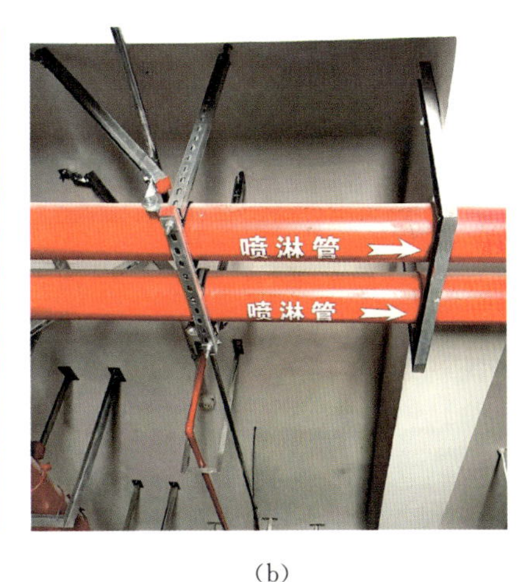

(b)

图 5-2 管道支、吊架实景图

常见问题和解决方法：

常见问题 1：支、吊架表面存在锈蚀、油漆脱落情况。

解决方法：使用消防设施维修保养专用除锈喷剂进行除锈，并进行补漆作业。

常见问题 2：支、吊架安装松动。

解决方法 1：检查排除支、吊架与结构体直接连接松动情形；

解决方法 2：紧固螺栓。

操作注意事项：

①如发现支、吊架实际安装数量与消防施工及验收规范明显不足的情形，应发出风险告知提醒业主存在安全风险。

②涉及受限空间作业、高处作业及动火作业时，应执行受限空间、高处作业、动火作业安全管理方案及做好防护措施。

(3) 阀门外观

维保技术要求：阀体外观应无锈蚀，油漆无脱落，无漏水。
检查周期：消防技术服务机构以月为时间单位对消防设施进行定期巡检、测试。
检查方法和步骤：目测观察。
阀门外观实景图如图5-3所示。

图5-3　阀门外观实景图

常见问题和解决方法：
常见问题1：阀门表面存在锈蚀、油漆脱落情况。
解决方法：使用消防设施维修保养专用除锈喷剂进行除锈和补漆作业。
常见问题2：阀门漏水。
解决方法：维修、更换阀门。
常见问题3：阀门手轮损坏或缺失。
解决方法：更换或补充阀门手轮。
操作注意事项：
①特殊部位阀门应做好防水、防尘。
②涉及受限空间作业、高处作业及动火作业时，应执行受限空间、高处作业、动火作业安全管理方案及做好防护措施。

(4) 阀门常开、常闭标志

维保技术要求：常开、常闭阀门应在明显位置悬挂启闭标志。
检查周期：消防技术服务机构以月为时间单位对消防设施进行定期巡检、测试。

检查方法和步骤:目测观察,按阀门功能进行检查。

常开、常闭标志实景图如图 5-4 所示。

(a) 常开标志

(b) 常闭标志

图 5-4　常开、常闭标志实景图

常见问题和解决方法:

常见问题:阀门上未标明启闭标志。

解决方法:阀门明显位置处增设启闭标志。

操作注意事项:

①阀门启闭标志应使用耐久性材料。

②涉及受限空间作业、高处作业及动火作业时,应执行受限空间、高处作业、动火作业安全管理方案及做好防护措施。

(5) 阀门阀杆转动、润滑

维保技术要求:阀门应转动灵活,无卡阻,启闭功能正常;润滑时间不应超过一个季度。

检查周期:消防技术服务机构以季度为时间单位对消防设施进行定期巡检、测试。

检查方法和步骤:

①手动旋转阀门手轮/手柄,检查其转动是否灵活,启闭功能是否正常;

②查看上一次润滑记录。

常见问题和解决方法:

常见问题 1:阀门因锈蚀旋转不灵活,存在卡阻或启闭不到位情况。

解决方法 1:使用消防设施维修保养专用润滑喷剂对阀杆进行润滑保养;

解决方法 2:更换阀门。

阀门检查实景图如图 5-5 所示。

图 5-5　阀门检查实景图

常见问题 2:阀杆存在卡丝、滑丝情况。

解决方法:更换阀门。

常见问题 3:信号蝶阀关闭后火灾报警控制器未接收到监管信号。

解决方法 1:检查排除线路故障;

解决方法 2:检查排除信号蝶阀本体故障;

解决方法 3:检查排除模块故障后仍未解决,则检查修正模块错误的注册、注释地址信息。

操作注意事项:

①涉及受限空间作业、高处作业及动火作业时,应执行受限空间、高处作业、动火作业安全管理方案及做好防护措施。

②阀门润滑作业应定期记录并保存,便于消防设施维护管理。

③阀门润滑时应均匀涂抹润滑剂,使阀杆充分润滑,宜使用消防设施维修保养专用润滑喷剂。

2. 消火栓箱

室内消火栓的具体技术要求如表 5-2 所示。

表 5-2　室内消火栓技术要求

温度	室内环境温度不低于 4 ℃,且不高于 70 ℃的场所,应采用湿式室内消火栓系统
配置	(1) 应采用 DN65 室内消火栓,并可与消防软管卷盘或轻便水龙设置在同一箱体内 (2) 应配置公称直径 65 有内衬里的消防水带,长度不宜超过 25.0 m 配置 (3) 宜配置当量喷嘴直径 16 mm 或 19 mm 的消防水枪,但当消火栓设计流量为 2.5 L/s 时,宜配置当量喷嘴直径 11 mm 或 13 mm 的消防水枪
各层均设	设置室内消火栓的建筑,包括设备层在内的各层均应设置消火栓

续表

充实位置	设置室内消火栓的建筑，包括设备层在内的各层均应设置消火栓室内消火栓的布置应满足同一平面有2支消防水枪的2股充实水柱同时达到任何部位的要求；但建筑高度小于或等于24.0 m且体积小于或等于5 000 m^3的多层仓库、建筑高度小于或等于54 m且每单元设置一部疏散楼梯的住宅，以及《消防给水及消火栓系统技术规范》GB 50974—2014表3.5.2中规定可采用1支消防水枪的场所，可采用1支消防水枪的1股充实水栓到达室内任何部位
布置间距	室内消火栓宜按直线距离计算其布置间距，并应符合下列规定： (1) 消火栓按2支消防水枪的2股充实水柱布置的建筑物，消火栓的布置间距不应大于30.0 m (2) 消火栓按1支消防水枪的1股充实水柱布置的建筑物，消火栓的布置间距不应大于50.0 m
栓口高度	建筑室内消火栓栓口的安装高度应便于消防水带的连接和使用，其距地面高度宜为1.1 m；其出水方向应便于消防水带的敷设，并宜与设置消火栓的墙面呈90°角或向下

(1) 箱体外观

维保技术要求：箱体结构完整，表面及外壳应无锈蚀、无变形、无破损。

检查周期：单位消防巡检人员每日对消防设施进行日常巡查；消防技术服务机构以月为时间单位对消防设施进行定期巡检、测试。

检查方法和步骤：目测观察。

消火栓箱实景图如图5-6所示。

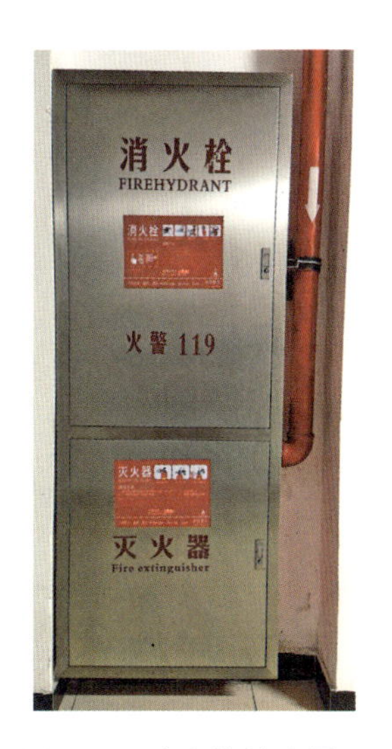

图5-6　消火栓箱实景图

常见问题和解决方法：

常见问题1：箱体锈蚀。

解决方法：除锈、补漆。

常见问题2：箱体变形、破损。

解决方法：修复变形箱体，如损毁严重及时更换。

常见问题3：消火栓箱门无法正常开启。

解决方法：对消火栓门体进行校正或更换消火栓箱门锁，如消火栓门体损毁严重应及时更换。

操作注意事项：

①消火栓箱门扇如采用玻璃材质，损坏更换时应注意人身伤害。

②消火栓箱如安装于车辆通行频繁场所，应对消火栓箱采取防撞措施。

③消火栓箱门因装修导致开启角度小于 120°，应提醒业主进行整改。

④消火栓箱作为重要的建筑消防设施，提醒业主禁止遮挡、占用。

⑤更换安装涉及动火作业时，应执行动火作业安全管理方案及做好防护措施。

(2) 标志

维保技术要求：消火栓箱的明显部位应采用耐久性文字或图形标注。

检查周期：单位消防巡检人员每日对消防设施进行日常巡查；消防技术服务机构以月为时间单位对消防设施进行定期巡检、测试。

检查方法和步骤：目测观察。

消火栓箱标志实景图如图 5-7 所示。

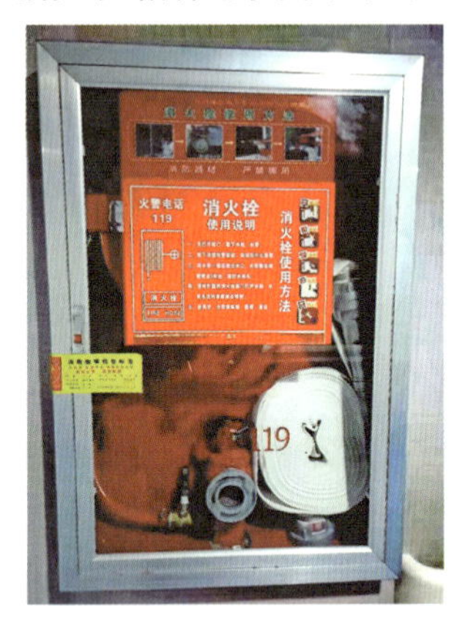

(a)

(b)

(c)

图 5-7　消火栓箱标志实景图

常见问题和解决方法：

常见问题 1：消火栓箱门或外门上无“消火栓”及耐久性铭牌标识 。

常见问题 2：消火栓箱门或外门上无操作说明或操作说明破损。

解决方法：增加或更换标识，且标识应与周围环境有明显的区别。

操作注意事项：

①消火栓箱操作说明至少应包括以下内容：

a）箱门的开启方法；

b）消火栓按钮的开启方法；

c）箱内消防器材的取出及连接步骤；

d）室内消火栓的开启方法；

e）操作消防软管卷盘时必要的动作；

f）描述箱内消防器材使用时的操作程序。

消火栓箱操作说明中的文字高度不应小于 5 mm。

②箱体上应设置耐久性铭牌，铭牌至少应包括以下内容：

a）产品名称；

b）产品型号；

c）注册商标或生产厂名；

d）生产厂地址；

e）生产日期或产品批号；

f）执行标准编号。

（3）消火栓箱内组件完整性

维保技术要求：

消火栓箱内应配有室内消火栓、水枪、水带、水带接扣；消火栓箱配置有消防软管卷盘的，其组件还应有：阀门、输入管路、卷盘、软管及喷咀。

检查周期：单位消防巡检人员每日对消防设施进行日常巡查；消防技术服务机构以月为时间单位对消防设施进行定期巡检、测试。

检查方法和步骤：目测观察箱内组件。

消火栓箱内组件实景图如图 5-8 所示。

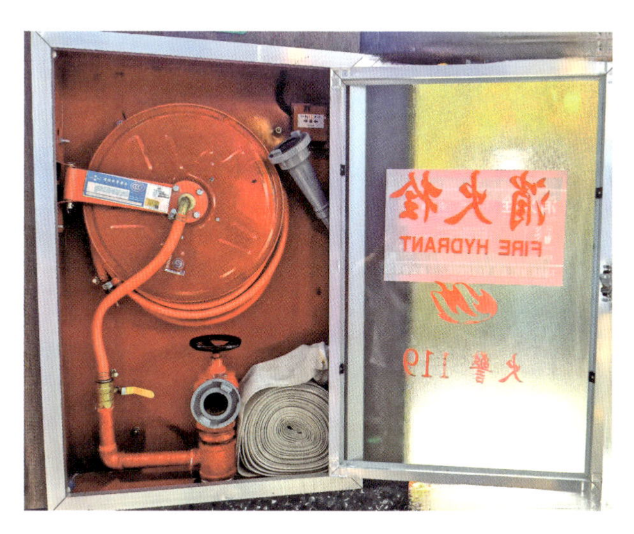

图 5-8　消火栓箱内组件实景图

常见问题和解决方法：

常见问题：组件不完整。

解决方法：记录登记，补充完整。

操作注意事项：补充更换时，应根据国家规范规定的规格、型号的组件进行替换。

（4）水带质量

维保技术要求：水带应无老化、破损；水带规格应与室内消火栓栓口规格相匹配；在放水测试时，水带无漏水；水带接口与消火栓接口应连接稳固；水带卡箍连接牢固，密封胶垫无老化、缺失。

检查周期:消防技术服务机构以月为时间单位对消防设施进行定期巡检、测试。

检查方法和步骤:

①目测观察;

②将水带与栓口连接,查看水带规格与栓口规格是否相匹配;

③打开消火栓闸阀,进行放水测试,观察水带、水带接口处及水带本体是否有漏水现象。

消防水带实景图如图 5-9 所示。

图 5-9　消防水带实景图

常见问题和解决方法:

常见问题 1:水带存在老化、破损现象。

解决方法:更换水带。

常见问题 2:水带接口与栓口规格不一致。

解决方法:更换相匹配的水带接口并对水带卡箍加固。

常见问题 3:当放水测试时,水带、水带接口处出现漏水。

解决方法 1:水带漏水,则更换水带;

解决方法 2:检查排除现场水带规格、型号错误;

解决方法 3:水带接口处漏水,重新紧固卡箍;

解决方法 4:如接口处仍然漏水,则查看胶垫情况,及时更换或补充胶垫。

操作注意事项:

①水带接口连接应牢固,卡簧应安装到位。

②水带试验展开时应无折皱,试验完毕后应将水带晾干,防止受潮霉烂。

③试验完毕后,应及时清理消火栓箱内水渍。

④消防水带与水带接扣连接应采用专用紧固连接件,禁止采用铁丝捆扎或其他方式连接。

⑤更换水带时,应注意选用设计规范要求的相应规格、型号产品。

(5) 水枪外观

维保技术要求:水枪外观应无腐蚀、变形、凹坑、裂纹、断裂情况;水枪规格型号应与水带接扣相匹配。

检查周期:消防技术服务机构以月为时间单位对消防设施进行定期巡检、测试。

检查方法和步骤:目测观察。

水枪实景图如图 5-10 所示。

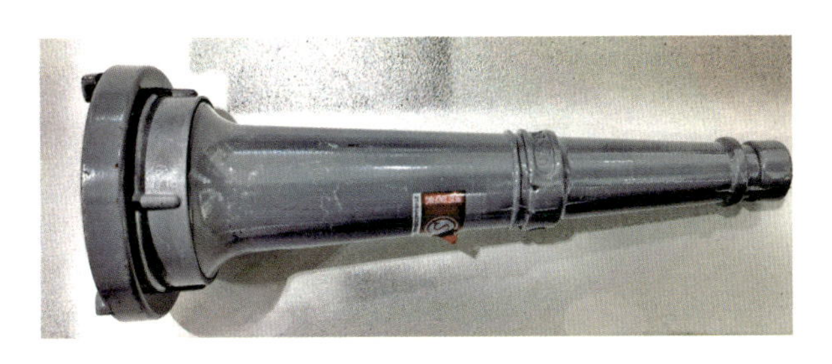

图 5-10 水枪实景图

常见问题和解决方法:

常见问题 1:水枪本体存在腐蚀、变形、凹坑、裂纹、断裂、密封胶垫老化或损坏情况。

解决方法:更换水枪。

常见问题 2:水枪型号与水带接扣不匹配。

解决方法:更换相匹配的水枪。

操作注意事项:水枪如存在无型号、商标或厂名的情况,则应函告业主提供该设备档案备查。

(6) 卷盘组件完整性

维保技术要求:卷盘组件应完整(都必须有阀门、输入管路、卷盘、喷咀、卡箍)。

检查周期:单位消防巡检人员每日对消防设施进行日常巡查。

检查方法和步骤:目测观察。

软管卷盘实景图如图 5-11 所示。

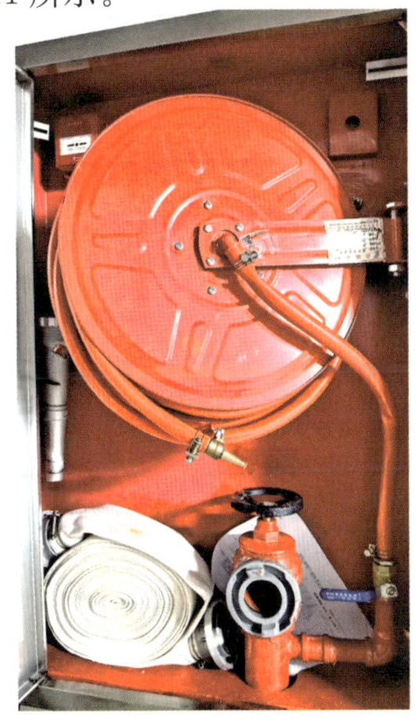

图 5-11 软管卷盘实景图

常见问题和解决方法:

常见问题:组件不完整。

解决方法:记录登记,补充完整。

操作注意事项:补充更换时,应根据国家规范规定的规格、型号的组件进行替换。

(7) 卷盘质量

维保技术要求:卷盘应无变形、锈蚀、油漆无脱落;卷盘应固定安装在箱体上(卷盘和固定装置不应有松动、脱落,卷盘应灵活好用,摆动角不应小于90°);软管应无漏水、老化破损。

检查周期:消防技术服务机构以月为时间单位对消防设施进行定期巡检、测试。

检查方法和步骤:

①目测观察卷盘外观;

②拉出软管,观察固定装置、卷盘稳定性情况;

③查看软管有无老化、破损现象;

④打开软管进水段阀门和喷咀阀门,待有水流出后关闭喷咀阀门,保压2 min,观察软管有无漏水情况;

⑤关闭进水端阀门,打开喷咀阀门放出管内余水,将软管收回于卷盘上并归位。

常见问题和解决方法:

常见问题1:卷盘变形、锈蚀、油漆脱落。

解决方法1:修复变形卷盘,对锈蚀部分进行除锈补漆;

解决方法2:无法修复则更换卷盘。

常见问题2:软管漏水、老化、破损。

解决方法:更换软管。

常见问题3:固定装置和卷盘明显晃动、下坠。

解决方法1:紧固固定装置;

解决方法2:如固定装置损坏则需更换。

常见问题4:卷盘转动时进水端软管存在弯折影响出水或卷盘摆动角不满足要求。

解决方法:调节进水端软管长度,使其在转动时不影响软管出水。

操作注意事项:

①进行软管出水、保压试验时,应首先打开喷咀阀门排出管内空气,再打开进水端阀门,待出水稳定后进行测试。

②试验完毕后,卷盘进行软管回收时应保持喷咀阀门打开及时排出管内余水,避免损坏卷盘。

(8) 箱内清洁

维保技术要求:消火栓箱内应无锈蚀,箱内要保持整洁、无杂物。

检查周期:单位消防巡检人员每日对消防设施进行日常巡查。

检查方法和步骤:打开箱门,目测观察消火栓箱内有无锈蚀、杂物。

常见问题和解决方法：

常见问题 1：消火栓箱内存在锈蚀。

解决方法：使用消防设施维修保养专用除锈喷剂及油漆进行补漆。

常见问题 2：箱内存在杂物。

解决方法：清除杂物。

操作注意事项：

①单位消防巡检人员应对消火栓箱完整情况进行巡检登记。

②巡检完毕后为方便消防安全管理和防止人为丢弃杂物、挪用消火栓组件，宜张贴警示标志。

(9) 阀门润滑

维保技术要求：阀门应转动灵活，无卡阻，启闭功能正常；润滑时间不应超过一个季度。

检查周期：消防技术服务机构以季度为时间单位对消防设施进行定期巡检、测试。

检查方法和步骤：

①手动旋转阀门手轮/手柄，检查其转动是否灵活，启闭功能是否正常；

②查看上一次润滑记录。

阀门润滑操作示意图如图 5-12 所示。

图 5-12　阀门润滑操作示意图

常见问题和解决方法：

常见问题 1：阀杆因锈蚀旋转不灵活，存在卡阻或启闭不到位情况。

解决方法 1：使用消防设施维修保养专用润滑喷剂对阀杆进行润滑保养；

解决方法 2：更换阀门。

常见问题 2:阀杆存在卡丝、滑丝情况。

解决方法:更换阀门。

操作注意事项:

①阀门润滑作业应定期记录并保存,便于消防设施维护管理。

②阀门润滑时应均匀涂抹润滑剂,使阀杆充分润滑,宜使用消防设施维修保养专用润滑喷剂。

③阀门润滑作业中润滑喷剂仅作用于润滑阀杆,润滑喷剂不宜接触阀内密封胶垫。

(10) 消火栓按钮

维保技术要求:安装应牢固、无松动;报警功能应正常,火灾报警控制器应能接收到其动作的报警信号。

检查周期:消防技术服务机构以年度为时间单位对消防设施进行周期性巡检、测试。

检查方法和步骤:

①目测观察,触碰消火栓按钮,按钮应安装牢固;

②测试前将火灾报警控制器置于手动状态;

③按下消火栓按钮,启动指示灯应点亮并保持,与消防控制室联系,火灾报警控制器应收到消火栓按钮的动作信号;

④测试完毕后,使用复位工具对现场消火栓按钮进行复位;

⑤手动按下火灾报警控制器复位键进行复位,启动指示灯应恢复至闪亮;

⑥将火灾报警控制器恢复到自动状态。

消火栓按钮相应的实景图如图 5-13 所示。

(a) (b) (c)

图 5-13 消火栓按钮、复位、复位工具实景图

常见问题和解决方法：

常见问题 1:启动指示灯不亮。

解决方法 1:检查排除线路故障；

解决方法 2:检查排除消火栓按钮故障。

常见问题 2:线路未采取保护措施。

解决方法:对裸露的线路按照规范的要求采取对应保护措施。

常见问题 3:火灾报警控制器未接收到消火栓按钮动作的报警信号。

解决方法:检查排除线路、消火栓按钮故障。

操作注意事项：

①消火栓按钮指示灯状态应正常(指示灯平时巡检应处于闪亮)；线路的敷设应满足《火灾自动报警系统设计规范》GB 50116—2013 第 11.2 节布线要求；按钮功能应正常，按下消火栓按钮后，启动指示灯应点亮并保持。依据《消防给水及消火栓系统技术规范》GB 50974—2014 第 11.0.19 条：消火栓按钮不宜作为直接启动消防水泵的开关，但可作为发出报警信号的开关或启动干式消火栓系统的快速启闭装置等。本节维保的方法和步骤仅适用于依据《消防给水及消火栓系统技术规范 》GB 50974—2014 进行设计的项目。

②测试前火灾报警控制器需置于手动状态。

3. 室外消火栓

室外消火栓的具体技术要求如表 5-3 所示。

表 5-3　室外消火栓技术要求

布置要求相同	建筑室外消火栓的布置除应符合下列规定外，还应符合市政消火栓的有关规定数量
管径	建筑室外消火栓的数量应根据室外消火栓设计流量和保护半径经计算确定，保护半径不应大于 150.0 m、每个室外消火栓的出流量宜按 10～15 L/计算
布置要求	(1) 室外消火栓宜沿建筑周围均匀布置，且不宜集中布置在建筑一侧；建筑消防扑救面一侧的室外消火栓数量不宜少于 2 个 (2) 人防工程、地下工程等建筑应在出入口附近设置室外消火栓，且距出入口的距离不宜小于 5 m，并不宜大于 40 m (3) 停车场的室外消火栓宜沿停车场周边设置，且与最近一排汽车的距离不宜小于 7 m，距加油站或油库不宜小于 15 m (4) 甲、乙、丙类液体储罐区和液化烃罐区等构筑物的室外消火栓，应设在防火堤或防护墙外，数量应根据每个罐的设计流量经计算确定，但距罐壁 15 m 范围内的消火栓，不应计算在该罐可使用的数量内 (5) 工艺装置区等采用高压或临时高压消防给水系统的场所，其周围应设置室外消火栓，数量应根据设计流量经计算确定，且间距不应大于 60.0 m。当工艺装置区宽度大于 120.0 m 时，宜在该装置区内的路边设置室外消火栓
特殊要求	室外消防给水引入管当设有倒流防止器，且火灾时因其水头损失导致室外消火栓不能满足市政消火栓压力方面的要求时，应在该倒流防止器前设置一个室外消火栓

(1) 外观

维保技术要求：室外消火栓栓体外观、组件应无锈蚀、油漆脱落，组件齐全。消火栓标志应齐全(应铸出型号、规格、商标或厂名等永久性标志)。

检查周期:消防技术服务机构以月为时间单位对消防设施进行定期巡检、测试。

检查方法和步骤:目测观察。

室外消火栓实景图如图 5-14 所示。

图 5-14　室外消火栓实景图

常见问题和解决方法:

常见问题 1:消火栓存在锈蚀、油漆脱落情况。

解决方法:使用消防设施维修保养专用除锈喷剂及油漆进行补漆操作。

常见问题 2:组件缺失。

解决方法:补充缺失组件。

操作注意事项:

①室外消火栓通常由阀、出水口、出水口闷盖和栓体等组成。

②对地上式室外消火栓安装防撞装置,自动排放余水装置应确保畅通。冬季宜对地上式室外消火栓进行保温。

③地下式室外消火栓应在地面设置明显标识便于识别,设置在绿化带内的地上式室外消火栓应注意定期对周围绿植进行清除,便于识别。

④室外消火栓周围不得设置障碍物,不得妨碍使用。

(2) 安装牢固程度

维保技术要求:室外消火栓安装应牢固,无晃动。

检查周期:消防技术服务机构以月为时间单位对消防设施进行定期巡检、测试。

检查方法和步骤:晃动消火栓栓体,栓体结构牢固。

常见问题和解决方法:

常见问题 1:栓体存在松动。

解决方法:加固室外消火栓。

常见问题 2:室外消火栓损坏。

解决方法:进行更换安装。

操作注意事项:

①对地上式室外消火栓应设置防撞装置。

②对室外消火栓进行更换前,需关闭管路阀门,安装完毕后,应及时打开管路阀门。

(3) 润滑

维保技术要求:室外消火栓阀门应转动灵活,无卡阻,启闭功能正常;润滑时间不应超过一个季度。

检查周期:消防技术服务机构以季度为时间单位对消防设施进行定期巡检、测试。

检查方法和步骤:

①使用室外消火栓扳手手动旋转阀门,检查其转动是否灵活,启闭功能是否正常;

②查看上一次润滑记录。

常见问题和解决方法:

常见问题 1:阀杆因锈蚀旋转不灵活,存在卡阻或启闭不到位情况。

解决方法 1:使用消防设施维修保养专用润滑喷剂对阀杆进行润滑保养;

解决方法 2:更换室外消火栓。

常见问题 2:阀杆存在滑丝或室外消火栓无法开启。

解决方法:更换与室外消火栓同型号专用扳手再进行尝试,如仍无法处理,则需更换室外消火栓。

常见问题 3:室外消火栓闷盖锈蚀无法打开。

解决方法:使用消防设施维修保养专用除锈喷剂进行除锈作业后再进行尝试。

操作注意事项:

①润滑作业应定期记录并保存,便于消防设施维护管理。

②阀杆润滑时应均匀喷涂润滑剂,使阀杆充分润滑,宜使用消防设施维修保养专用润滑喷剂。

③润滑作业中润滑喷剂仅作用于润滑阀杆或螺杆,润滑喷剂不宜接触密封胶垫。

4. 水泵接合器

维保技术要求:水泵接合器应无破损、变形、锈蚀;水泵接合器组件应完整;消防水泵接合器永久性固定标志应能识别其所对应的室内消火栓系统,当有分区时应有分区标识。

检查周期:消防技术服务机构以季度为时间单位对消防设施进行阶段性巡检、测试。

检查方法和步骤:

①目测观察水泵接合器外观及组件是否完整、锈蚀,标识标牌是否完整;

②打开闷盖及控制阀,不应有水流出。

常见问题和解决方法:

常见问题 1:存在锈蚀、油漆脱落情况,阀门因锈蚀严重无法打开。

解决方法 1:使用消防设施维修保养专用除锈喷剂及消防设施维修保养专用润滑喷剂进行维护,再进行补漆操作;

解决方法 2:对老化锈蚀严重的设备进行更换。

常见问题 2:无水泵接合器标识或标识不完整。

解决方法:核对图纸,按用途和区域喷涂或悬挂水泵接合器标识。

常见问题 3:组件损坏或丢失。

解决方法:更换或补充组件,老化损毁严重的设备进行更换。

常见问题 4:打开闷盖及控制阀有水从接口内流出。

解决方法:检查排除止回阀损坏,排除后检查修正安装方向的错误。

操作注意事项:

①水泵结合器通常由接口、本体、连接管、止回阀、安全阀、放空阀、控制阀组成。

②对地上式水泵结合器安装防撞装置,冬季应对地上式水泵接合器进行保温。

③设置在绿化带内的地上式水泵接合器应注意定期对周围绿植进行清除,便于识别。

④地上式水泵接合器周围不得设置障碍物,会妨碍水泵接合器使用。

5. 消火栓泵自动启动试验

消火栓泵自动启动试验如表 5-4 所示。

表 5-4　消火栓系统常见联动触发信号、联动控制及联动反馈信号

联动触发信号	联动控制	联动反馈信号
任一报警区域的两只火灾探测器,或一只火灾探测器和一只手动火灾报警按钮发出火灾报警信号,同时使消火栓按钮动作	消火栓泵启动信号	消火栓泵启动信号
手动控制方式,应将消火栓泵控制箱(柜)的启动、停止按钮用专用线路直接连接至设置在消防控制室内的消防联动控制器的手动控制盘,并应直接手动控制消火栓泵的启动、停止		

(1) 消火栓泵自动启动试验

维保技术要求:消火栓泵应由出水干管上设置的压力开关、高位消防水箱出水管上的流量开关信号直接自动启动消火栓泵。

检查周期:消防技术服务机构以年度为时间单位对消防设施进行周期性巡检、测试。

检查方法和步骤:

①将消防水泵控制柜置于自动状态;

②在最不利点室内消火栓处接上水带、消火栓试水装置,打开消火栓试水装置控制阀,打开室内消火栓;

③流量开关和压力开关动作;

④消火栓泵启动,观察水流变化情况;

⑤按下消防水泵控制柜停泵按钮;

⑥关闭室内消火栓,收好水带、消火栓试水装置;

⑦消防水泵控制柜恢复至自动状态;

⑧测试时火灾报警控制器应接收到消火栓泵启动反馈信息,测试结束后将火灾报警

控制器进行复位操作。

常见问题和解决方法：

常见问题 1：消火栓泵不能自动启动。

解决方法 1：检查排除流量开关或压力开关的故障；

解决方法 2：检查修正流量开关或压力开关设置参数；

解决方法 3：检查排除线路故障；

解决方法 4：检查排除消火栓泵及控制柜故障。

常见问题 2：水泵启动后，火灾报警控制器未收到启泵反馈信号。

解决方法 1：检查排除消防水泵控制柜电源故障；

解决方法 2：检查排除启泵按钮故障；

解决方法 3：检查排除线路故障；

解决方法 4：检查排除消火栓泵及控制柜故障。

操作注意事项：

①涉及消防水泵、消防水泵电源线路、消防水泵控制柜故障，应由水泵专业技术人员进行维修处置。

②启泵前应确保安全泄压阀功能正常。

③流量开关和压力开关设置参数应满足国家技术要求或设计要求。

④测试位置必须是最不利点室内消火栓，其他位置测试无效。

⑤由于消防水泵启动后水枪反作用力较大，建议由 2 名或多名经过培训的人员进行辅助操作，避免发生人身伤害。

(2) 最不利点消火栓静压

维保技术要求：最不利点室内消火栓栓口静压应符合场所类型的技术要求。

检查周期：消防技术服务机构以年度为时间单位对消防设施进行周期性巡检、测试。

检查方法和步骤：

①在最不利点消火栓处接上消火栓试水装置；

②打开试水装置上的控制阀；

③打开最不利点消火栓阀门；

④待出水稳定后关闭试水装置控制阀；

⑤观察并记录消火栓试水装置压力表数据；

⑥关闭最不利点消火栓阀门，打开试水装置上的控制阀排出余水。

常见问题和解决方法：

常见问题 1：未设置增压稳压装置时最不利点消火栓处静压不满足技术规范要求。

解决方法 1：核查高位消防水箱实际安装高度是否满足设计要求，如低于设计要求，则函告业主联系施工单位或予以整改；

解决方法 2：检查排除消火栓管网泄漏问题；

解决方法 3：如解决方法 1 整改难度较大，则建议业主增设增压稳压装置。

常见问题 2：设有增压稳压装置时最不利点消火栓处静压不满足技术规范要求。

解决方法 1:检查排除消火栓管网泄漏问题;

解决方法 2:检查排除增压稳压装置或装置管路上止回阀故障;

解决方法 3:检查修正增压稳压装置设置参数;

解决方法 4:检查排除高位消防水箱出水管上止回阀安装错误或损坏故障。

操作注意事项:

① 一类高层公共建筑,不应低于 0.10 MPa,但当建筑高度超过 100 m 时,不应低于 0.15 MPa;高层住宅、二类高层公共建筑、多层公共建筑,不应低于 0.07 MPa;多层住宅不宜低于 0.07 MPa;工业建筑不应低于 0.10 MPa,当建筑体积小于 20 000 m^3 时,不宜低于 0.07 MPa,当设有稳压泵时,系统最不利点处水灭火设施在准工作状态时的静水压力应大于 0.15 MPa。

②因稳压泵、稳压泵电源线路、稳压泵控制柜等故障涉及专业技术,应函告业主由水泵专业技术人员进行维修处理。

③测试位置必须是最不利点室内消火栓,其他位置测试无效。

④当发现室内消火栓最不利点静压不足时,应函告业主查看原设计图纸排除稳压泵选型错误的问题。

(3) 最不利点消火栓动压及充实水柱

维保技术要求:最不利点室内消火栓栓口动压及充实水柱应符合场所类型的技术要求。

检查周期:消防技术服务机构以年度为时间单位对消防设施进行周期性巡检、测试。

检查方法和步骤:

①将消防水泵控制柜置于自动状态;

②在最不利点室内消火栓处接上水带、消火栓试水装置,打开消火栓试水装置控制阀,打开室内消火栓;

③流量开关或压力开关动作;

④消火栓泵启动,观察并记录消火栓试水装置压力表数据,测量并记录充实水柱距离;

⑤按下消防水泵控制柜停泵按钮;

⑥关闭室内消火栓,收好水带、消火栓试水装置;

⑦消防水泵控制柜恢复至自动状态;

⑧测试时火灾报警控制器应接收到消火栓泵启动反馈信息,测试结束后将火灾报警控制器进行复位操作。

常见问题和解决方法:

常见问题 1:最不利点消火栓动压或充实水柱不满足规范要求。

解决方法 1:检查排除相关阀门未完全开启的情形;

解决方法 2:检查排除减压阀、安全泄压阀故障;

解决方法 3:检查排除消火栓泵故障;

解决方法 4:以上情况均排除后,应检查管道、过滤器清除堵塞。

操作注意事项:

①高层建筑、厂房、库房和室内净空高度超过 8 m 的民用建筑等场所,消火栓栓口动

压不应小于 0.35 MPa，且消防水枪充实水柱应按 13 m 计算；其他场所，消火栓栓口动压不应小于 0.25 MPa，且消防水枪充实水柱应按 10 m 计算。

②因消防水泵、消防水泵电源线路、消防水泵控制柜等故障涉及专业技术，应函告业主由水泵专业技术人员进行维修处理。

③启泵前应确保安全泄压阀功能正常。

④测试位置必须是最不利点室内消火栓，其他位置测试无效。

⑤当发现室内消火栓最不利点动压不足时，应函告业主查看原设计图纸排除消防水泵选型错误的问题。

⑥由于消防水泵启动后水枪反作用力较大，建议由 2 名或多名经过培训的人员进行辅助操作，避免发生人身伤害。

⑦充实水柱：从水枪喷嘴起至射流 90％的水柱水量穿过直径 380 mm 圆孔处的一段射流长度。

栓口动压及充实水柱测试图如图 5-15 所示。

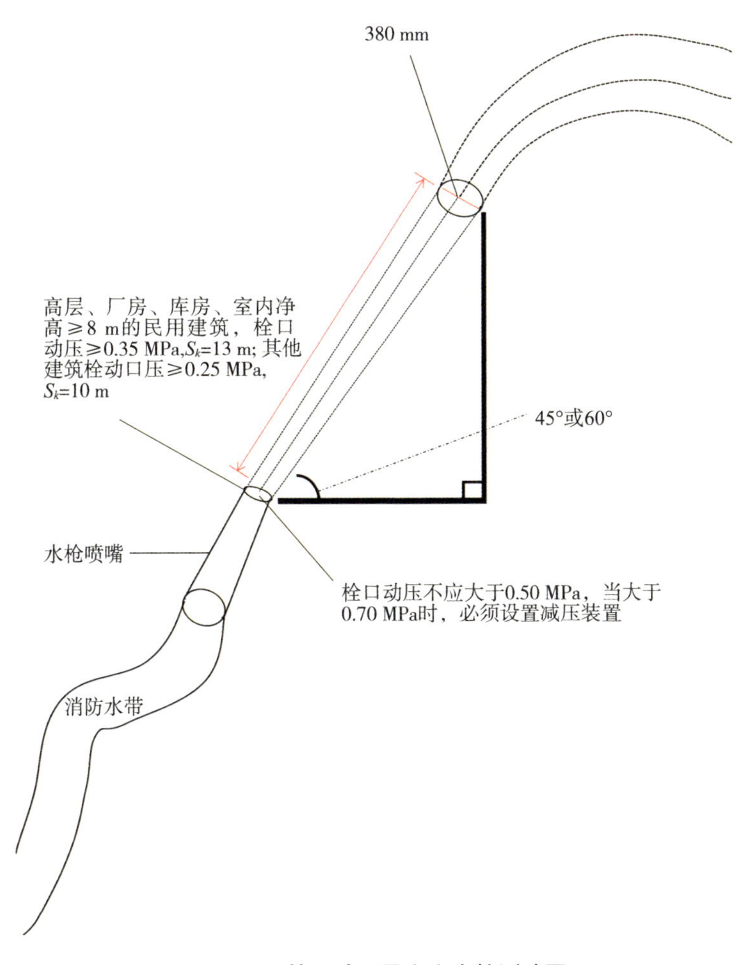

图 5-15　栓口动压及充实水柱测试图

（注：S_k 为充实水柱的长度）

六　自动喷水灭火系统(湿式)

自动喷水灭火系统的定义和作用

由洒水喷头、报警阀组、水流报警装置(水流指示器或压力开关)、末端试水装置等组件,以及管道、供水设施等组成,能在发生火灾时喷水的自动灭火系统。发生火灾时,洒水喷头温控爆裂,对着火物进行喷洒灭火,并同时发出火警信号,启动消防供水设施,通过加压设备持续将灭火用水送入管网,维持洒水喷头供水,持续灭火。

自动喷水灭火系统是当今公认的最为有效、应用最广泛的自动灭火设施,具有安全、可靠、经济实用、灭火成功率高等优点,扑灭初期火灾的效率超过 96%。

自动喷水灭火系统的组成

自动喷水灭火系统(湿式)由洒水喷头、报警阀组、水流报警装置(水流指示器或压力开关)、末端试水装置等组件,以及管道、供水设施等组成。

自动喷水灭火系统维护保养的意义

对自动喷水灭火系统进行定期有效的维护保养极其重要,定期有效的维护保养是自动喷水灭火系统能发挥作用的关键环节,是保障系统各组件完好,提高系统可靠性、稳定性的有力支持,确保整个系统始终处于临战状态,一旦发生火灾便能及时启动喷水灭火。

湿式自动喷水灭火系统如图 6-1 所示。

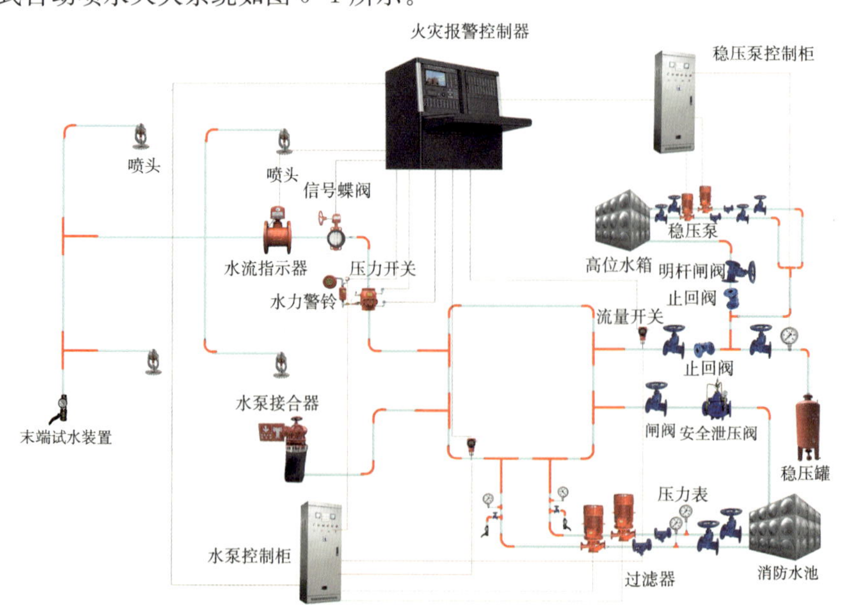

图 6-1　湿式自动喷水灭火系统示意图

1. 管道外观

维保技术要求:管道无锈蚀、污垢、油漆脱落;阀门应有明显的常开或常闭标志。
检查周期:消防技术服务机构以季度为时间单位对消防设施进行阶段性巡检、测试。
检查方法和步骤:目测观察,核对相关阀门启闭状态。
管道外观实景图如图 6-2 所示。

图 6-2　管道外观实景图

常见问题和解决方法:
常见问题 1:管道存在锈蚀、油漆脱落情况。
解决方法:使用消防设施维修保养专用除锈喷剂及油漆进行补漆操作。
常见问题 2:管道漏水。
解决方法:检查排除管件连接处漏水或更换漏水管道。
常见问题 3:阀门上未悬挂常开、常闭标志。
解决方法:增设常开、常闭标志。
操作注意事项:
①常开、常闭阀门可采用锁具将常开、常闭锁定。
②为便于消防设施维护管理,应在管网上标识出水流方向,用途、水流方向应与系统对应。
③应特别注意特殊情况下因温差较大产生冷凝现象,从而在管壁上形成滴水。

2. 管道颜色

维保技术要求:架空管道应涂红色或红色环道标记以区别其他管道。
检查周期:消防技术服务机构以季度为时间单位对消防设施进行阶段性巡检、测试。
检查方法和步骤:目测观察管道颜色。
常见问题和解决方法:
常见问题:架空管道颜色为其他颜色。

解决方法:重新刷涂改为红色或涂红色环圈标志。

操作注意事项:

①架空管道外应刷红色油漆或涂红色环圈标志,并应注明管道名称和水流方向标识。红色环圈标志,宽度不应小于 20 mm,间隔不宜大于 4 m,在一个独立的单元内环圈不宜少于 2 处。

②涉及受限空间作业、高处作业、油漆作业时,应执行受限空间、高处作业、油漆作业安全管理方案及做好防护措施。

3. 立管支、吊架

维保技术要求:立管支、吊架应无锈蚀,油漆无脱落,安装要牢固。

检查周期:消防技术服务机构以季度为时间单位对消防设施进行阶段性巡检、测试。

检查方法和步骤:目测观察,管网应无晃动。

立管支、吊架实景图如图 6-3 所示。

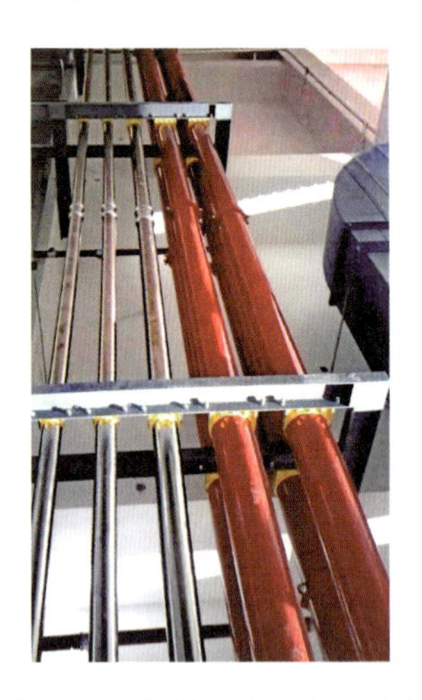

图 6-3 立管支、吊架实景图

常见问题和解决方法:

常见问题 1:立管支、吊架表面存在锈蚀、油漆脱落情况。

解决方法:清理表面污垢,使用消防设施维修保养专用除锈喷剂及油漆进行除锈和补漆操作。

常见问题 2:管网存在晃动。

解决方法 1:对立管支、吊架进行加固;

解决方法 2:增加支、吊架数量。

操作注意事项:

①使用消防设施维修保养专用除锈喷剂及油漆进行除锈和补漆操作。

②涉及受限空间作业、高处作业时,应执行受限空间、高处作业安全管理方案及做好防护措施。

③如发现支、吊架实际安装数量与消防施工及验收规范明显不足的情形，应发出风险告知提醒业主存在安全风险。

4. 阀门阀杆转动、润滑

维保技术要求：阀门应转动灵活，无卡阻，启闭功能正常；润滑时间不应超过一个季度。
检查周期：消防技术服务机构以季度为时间单位对消防设施进行定期巡检、测试。
检查方法和步骤：
①手动旋转阀门手轮/手柄，检查其转动是否灵活，启闭功能是否正常；
②查看上一次润滑记录。
常见问题和解决方法：
常见问题1：阀门因锈蚀旋转不灵活，存在卡阻或启闭不到位情况。
解决方法1：使用消防设施维修保养专用润滑喷剂对阀杆进行润滑保养；
解决方法2：更换阀门。
常见问题2：阀杆存在卡丝、滑丝情况。
解决方法：更换阀门。
常见问题3：信号蝶阀关闭后火灾报警控制器未接收到监管信号。
解决方法1：检查排除线路故障；
解决方法2：检查排除信号蝶阀本体故障；
解决方法3：检查排除模块故障后仍未解决，则检查修正模块错误的注册、注释地址信息。
操作注意事项：
①涉及受限空间作业、高处作业及动火作业时，应执行受限空间、高处作业、动火作业安全管理方案及做好防护措施。
②阀门润滑作业应定期记录并保存，便于消防设施维护管理。
③阀门润滑时应均匀涂抹润滑剂，使阀杆充分润滑，宜使用消防设施维修保养专用润滑喷剂。

5. 湿式报警阀

报警阀组的具体技术要求如表6-1所示。

表6-1　报警阀组技术要求

个数确定	(1) 自动喷水灭火系统应设报警阀组。保护室内钢屋架等建筑构件的闭式系统，应设独立的报警阀组。 (2) 串联接入湿式系统配水干管的其他自动喷水灭火系统，应分别设置独立的报警阀组，其控制的洒水喷头数计入湿式报警阀组控制的洒水喷头总数 (3) 一个报警阀组控制的洒水喷头数应符合下列规定： ①湿式系统不宜超过800只 ②当配水支管同时设置保护吊顶下方和上方空间的洒水喷头时，应只将数量较多一侧的洒水喷头计入报警阀组控制的洒水喷头总数 (4) 每个报警阀组供水的最高与最低位置洒水喷头，其高程差不宜大于50 m

续表

设置要求	(1) 报警阀组宜设在安全及易于操作的地点，其距地面的高度宜为 1.2 m。设置报警阀组的部位应设有排水设施 (2) 连接报警阀进出口的控制阀应采用信号阀。当不采用信号阀时，控制阀应设锁定阀位的锁具
水力警铃	水力警铃的工作压力不应小于 0.05 MPa，并应符合下列规定： (1) 应设在有人值班的地点附近或公共通道的外墙 (2) 与报警连接的管道，其管径应为 20 mm，总长不宜大于 20 m

维保技术要求：报警阀外观应无锈蚀、无污垢、无油漆脱落、无漏水。

检查周期：消防技术服务机构以季度为时间单位对消防设施进行阶段性巡检、测试。

检查方法和步骤：目测观察。

常见问题和解决方法：

常见问题 1：报警阀存在锈蚀、污垢、油漆脱落情况。

解决方法：清除污垢，使用消防设施维修保养专用除锈喷剂进行除锈，并进行补漆作业。

常见问题 2：报警阀有漏水情况。

解决方法 1：紧固螺栓；

解决方法 2：清洗报警阀阀瓣。

操作注意事项：

对湿式报警阀阀瓣进行清洗时，应关闭报警阀供水侧和系统侧阀门；清洗复装后，应及时打开报警阀供水侧和系统侧阀门，恢复常开状态。

6. 湿式报警阀组件完整性

维保技术要求：报警阀组件应配置完整（应有压力表、控制阀、过滤器、延迟器、压力开关、水力警铃、试水装置）。

检查周期：消防技术服务机构以季度为时间单位对消防设施进行阶段性巡检、测试。

检查方法和步骤：目测观察。

湿式报警阀组实景图如图 6-4 所示。

常见问题和解决方法：

常见问题 1：报警阀组件缺失。

解决方法：补充缺失组件。

常见问题 2：现场未预设设备排水方式。

解决方法：增设排水设施。

操作注意事项：在设施维护保养过程中，应定期检查，保持延迟器节流孔板排水孔通畅。

图 6-4 湿式报警阀组实景图

7. 水源总控制阀

维保技术要求:供水侧水源总控制阀应处于常开状态且开关灵活可靠,开关状态应有明确显示(连接报警阀进出口的控制阀应采用信号阀。当不采用信号阀时,控制阀应设置锁定阀位的锁具)。

检查周期:消防技术服务机构以季度为时间单位对消防设施进行阶段性巡检、测试。

检查方法和步骤:

①目测观察;

②转动阀门,控制阀指针指向关闭时,火灾报警控制器上应接收到反馈信号;

③将控制阀复位至常开状态。

常见问题和解决方法:

常见问题 1:未采用信号阀的控制阀未设置锁具。

解决方法:增设锁具。

常见问题 2:阀门转动不灵活。

解决方法:使用消防设施维修保养专用润滑喷剂对阀杆进行润滑,如转动卡顿严重,无法转至全开或全闭状态,则需更换阀门。

常见问题 3:信号阀关闭后火灾报警控制器未接收到反馈信号。

解决方法 1:检查排除阀门是否转至全闭状态或常闭触点异常;

解决方法 2:检查排除接线松动或接线错误;

解决方法3:检查排除线路故障;

检查方法4:检查排除模块故障或存在模块注册、注释地址错误。

操作注意事项:对控制阀进行更换时,应关闭管路阀门并进行管道排水;更换完成后,应及时打开管路阀门,恢复常开状态。

8. 延迟器外观及安装

维保技术要求:延迟器外观应无锈蚀、无污垢、无油漆脱落,安装牢固无松动;延迟器下端应设有排水管。

检查周期:消防技术服务机构以季度为时间单位对消防设施进行阶段性巡检、测试。

检查方法和步骤:

①目测观察;

②紧固与管道连接处查看安装牢固性。

常见问题和解决方法:

常见问题1:延迟器表面存在污垢、锈蚀、油漆脱落情况。

解决方法:清理表面污垢,使用消防设施维修保养专用除锈喷剂除锈并补漆;当延迟器锈蚀严重则需更换。

常见问题2:延迟器安装不牢固。

解决方法:紧固延迟器。

常见问题3:延迟器持续漏水。

解决方法1:检查排除水力警铃试验阀门故障;

解决方法2:清洗报警阀阀瓣或更换阀瓣。

常见问题4:延迟器下端无排水管。

解决方法:增设排水管。

操作注意事项:

①对水力警铃试验阀门进行更换时,应关闭报警阀供水侧阀门,更换完成后,应及时打开报警阀供水侧阀门,恢复常开状态。

②对湿式报警阀阀瓣进行清洗或更换时,应关闭报警阀供水侧和系统侧阀门;清洗复装后,应及时打开报警阀供水侧和系统侧阀门,恢复常开状态。

9. 延迟器排水设施

维保技术要求:延迟器应能自动排水(在进行试水试验时,延迟器应能自动排水)。

检查周期:消防技术服务机构以月为时间单位对消防设施进行定期巡检、测试。

检查方法和步骤:

①将喷淋泵控制柜置于手动状态;

②开启湿式报警阀的报警试验阀;

③观察延迟器排水情况;

④关闭湿式报警阀的报警试验阀；

⑤将喷淋泵控制柜恢复至自动状态。

常见问题和解决方法：

常见问题1：延迟器不排水。

解决方法1：检查清除报警管路过滤器堵塞异物；

解决方法2：检查清除节流孔板堵塞异物。

常见问题2：延迟器排水量过大，延迟时间大于90 s。

解决方法：更换损坏的节流孔板。如节流孔板缺失则补充安装。

10. 压力开关外观及安装

维保技术要求：压力开关外观应干净无污垢，安装牢固无松动；压力开关应竖直安装在水力警铃的管路上且位于延迟器后端。

压力开关的具体技术要求如表6-2所示。

表6-2　压力开关技术要求

作为启泵信号	(1) 消防水泵应由消防水泵出水干管设置的开关压力、高位消防水箱出水管上的流量开关和报警阀压力开关的信号均能直接自动启动消防水泵 (2) 自动喷水灭火系统应采用压力开关控制稳压泵，并能调节启停压力

检查周期：消防技术服务机构以月为时间单位对消防设施进行定期巡检、测试。

检查方法和步骤：目测观察。

常见问题和解决方法：

常见问题1：压力开关外观存在污垢。

解决方法：清理污垢。

常见问题2：压力开关松动。

解决方法：紧固压力开关与管道间连接处。

常见问题3：压力开关未竖直安装或错误安装在延迟器前端。

解决方法：重新安装。

操作注意事项：

①对压力开关进行维修、更换时，应关闭报警阀供水侧阀门，更换完成后，应及时打开报警阀供水侧阀门，恢复常开状态。

②对湿式报警阀阀瓣进行清洗或更换时，应关闭报警阀供水侧和系统侧阀门；清洗复装后，应及时打开报警阀供水侧和系统侧阀门，恢复常开状态。

11. 压力开关接线

维保技术要求：压力开关信号线路应正确连接，且端子接线应牢固，线路无破损、无裸露。

检查周期：消防技术服务机构以月为时间单位对消防设施进行定期巡检、测试。

检查方法和步骤：

①目测观察；

②用绝缘螺丝刀拨测，线路连接应正确且端子接线处牢固无松动。

常见问题和解决方法：

常见问题 1：接线错误。

解决方法：重新接线。

常见问题 2：线路松动、脱落。

解决方法：紧固连接线。

常见问题 3：线路破损、裸露。

解决方法：更换破损线路，对裸露线路进行有效保护。

操作注意事项：

①测试前应将喷淋泵控制柜置于手动状态，避免误动作。

②在压力开关日常维护中，操作者宜对压力开关和接线处进行防水防尘保护。

12. 压力开关报警功能

维保技术要求：打开报警试验阀，压力开关应能在 90 s 内动作（如系统未设置延迟器，压力开关应在 15 s 内动作），火灾报警控制器应能接收压力开关的动作信号。

检查周期：消防技术服务机构以月为时间单位对消防设施进行定期巡检、测试。

检查方法和步骤：

①将喷淋泵控制柜置于手动状态；

②打开报警试验阀 90 s 内压力开关动作，90 s 内水力警铃应能动作发出警铃声（无延迟器 15 s 内应动作并发出警铃声）；

③关闭报警试验阀；

④将喷淋泵控制柜恢复至自动状态；

⑤测试时火灾报警控制器应接收到压力开关动作反馈信号，测试结束后将火灾报警控制器进行复位操作。

常见问题和解决方法：

常见问题：打开湿式报警阀的报警试验阀，90 s 内压力开关无动作信号。

解决方法 1：检查排除压力开关故障；

解决方法 2：检查排除报警管路或过滤器堵塞的情形；

解决方法 3：检查排除延迟器故障；

解决方法 4：检查排除湿式报警阀阀瓣故障；

解决方法 5：检查排除湿式报警阀补水管路（持压管）不能补水导致水压不足的情形；

解决方法 6：检查排除线路、模块故障；

解决方法 7：检查修正模块的注册、注释信息错误。

操作注意事项：

①仅对压力开关进行功能试验时，应保持湿式报警阀的放水测试阀处于常闭状态，

如开启报警阀放水试验阀将导致报警阀阀瓣打开,管网其他相关设备启动。

②测试前应将喷淋泵控制柜置于手动状态,避免误动作。

③压力开关处接线应按规范连接并做好防水措施。

④普通型压力开关的动作压力为 0.035～0.05 MPa。特殊型系统压力开关的动作压力范围由厂家确定。对于可调式压力开关,其最大和最小动作压力值范围,依生产厂家具体提供。

13. 水力警铃外观及安装

维保技术要求:水力警铃外观应无锈蚀、无污垢、无油漆脱落;应设在有人值班的地点附近或公共通道的外墙上,与报警阀连接的管道总长度不宜大于 20 m,管径应为 20 mm。

检查周期:消防技术服务机构以月为时间单位对消防设施进行定期巡检、测试。

检查方法和步骤:目测观察。

常见问题和解决方法:

常见问题 1:存在污垢、锈蚀、油漆脱落情况。

解决方法:清理表面污垢,对锈蚀部位和油漆脱落部位使用消防设施维修保养专用除锈喷剂进行除锈,并进行补漆。

常见问题 2:安装位置不符合规范要求(与湿式报警阀连接管道的管径不是 20 mm 或总长度大于 20 m)。

解决方法:更换与湿式报警阀连接管道的管径或对总长度大于 20 m 的管道进行整改。

操作注意事项:水力警铃喷嘴处的工作压力不应小于 0.05 MPa 且距水力警铃 3 m 远处警铃声声强不应小于 70 dB,与报警阀连接的管道总长度不宜大于 20 m,管径应为 20 mm。

14. 水力警铃报警功能

维保技术要求:打开报警试验阀,在 5～90 s 内水力警铃应能动作发出警铃声且距水力警铃 3 m 远处警铃声声强不应小于 70 dB。

检查周期:消防技术服务机构以月为时间单位对消防设施进行定期巡检、测试。

检查方法和步骤:

①将喷淋泵控制柜置于手动状态;

②打开报警试验阀 90 s 内水力警铃应能动作发出警铃声(无延迟器 15 s 内应动作并发出警铃声),90 s 内压力开关应动作;

③关闭报警试验阀;

④将喷淋泵控制柜恢复至自动状态;

⑤测试时火灾报警控制器应接收到压力开关动作反馈信号,测试结束后将火灾报警控制器进行复位操作。

常见问题和解决方法：

常见问题1：打开报警试验阀后，水力警铃未能发出警铃声或声强不满足规范要求。

解决方法1：检查排除湿式报警阀补水管路（持压管）不能补水导致水压不足的情形；

解决方法2：检查排除报警管路或过滤器堵塞的情形；

解决方法3：检查排除延迟器故障；

解决方法4：检查排除水力警铃故障或更换水力警铃。

常见问题2：与湿式报警阀连接管道的管径不是20 mm或总长度大于20 m。

解决方法：更换与湿式报警阀连接管道的管径或对总长度大于20 m的管道进行整改。

操作注意事项：

①仅对水力警铃进行功能试验时，应保持湿式报警阀的放水测试阀处于常闭状态，如开启报警阀放水试验阀将导致报警阀阀瓣打开，管网其他相关设备启动。

②测试前应将喷淋泵控制柜置于手动状态，避免误动作。

③水力警铃喷嘴处的工作压力不应小于0.05 MPa，且距水力警铃3 m远处警铃声声强不应小于70 dB，与报警阀连接的管道总长度不宜大于20 m，管径应为20 mm。

15. 准工作状态时，湿式报警阀组压力表状态

维保技术要求：当系统处于准工作状态时，供水侧与系统侧压力表的读数应基本一致。

检查周期：消防技术服务机构以月度为时间单位对消防设施进行阶段性巡检、测试。

检查方法和步骤：目测观察并登记记录。

常见问题和解决方法：

常见问题1：压力表读数为零。

解决方法1：检查排除压力表故障；

解决方法2：检查排除系统管网无水问题。

常见问题2：供水侧与系统侧压力差较大。

解决方法1：检查排除压力表故障；

解决方法2：检查排除供水侧供水故障；

解决方法3：检查排除补偿器故障；

解决方法4：检查系统侧管网中是否存在空气，应进行排水排气操作。（检查系统侧的排气阀是否正常，对可能存在空气的分区管道进行排水排气）

供水侧与系统侧压力表如图6-5所示。

图 6-5　供水侧与系统侧压力表

操作注意事项：

①进行排水排气作业时，应将喷淋泵控制柜置于手动状态，确保高位消防水箱有水并补水正常。

②进行排水排气作业时，应确保排水管路畅通。

③供水侧压力表与系统侧压力表压差读数应小于 0.01 MPa。

④对压力表日常维护中宜提供防水防尘保护。

⑤涉及高处作业时，应执行高处作业安全管理方案及做好防护措施。

16. 喷头外观

公称动作温度和颜色标志如表 6-3 所示。

表 6-3　公称动作温度和颜色标志

玻璃球喷头		易熔元件喷头	
公称动作温度/℃	液体色标	公称动作温度/℃	轭臂色标
57	橙	57～77	无色
68	红	80～107	白
79	黄	121～149	蓝
93	绿	163～191	红
107	绿	204～246	绿

续表

玻璃球喷头		易熔元件喷头	
公称动作温度/℃	液体色标	公称动作温度/℃	轭臂色标
121	蓝	260～302	橙
163	紫		
204	黑		

消防喷头颜色温度图如图 6-6 所示。

图 6-6　消防喷头颜色温度图

维保技术要求：喷头外观应无污垢，热敏感元件不被异物涂覆，设置类型、位置及安装方式应与该场所要求一致。喷头的具体情况应满足《自动喷水灭火系统设计规范》有关条文要求。

检查周期：消防技术服务机构以年度为时间单位对消防设施进行周期性巡检、测试。

检查方法和步骤：目测观察。

常见问题和解决方法：

常见问题 1：存在污垢。

解决方法：清理表面污垢。

常见问题 2：热敏感元件被异物涂覆。

解决方法：进行更换。

常见问题 3：设置类型、位置及安装方式不符合规范要求。

解决方法：查看设计图纸确认上述未按规范安装的情形属实，则需函告业主进行整改。

操作注意事项：

①在进行喷头附着物清除或进行喷头更换前，应制定对应区域的应急处置措施。

②在进行喷头更换前，应对对应区域管道进行排水操作。

③涉及受限空间作业、高处作业时，应执行受限空间、高处作业安全管理方案及做好防护措施。

17. 喷头安装质量

维保技术要求:喷头的安装应牢固、无渗漏。

检查周期:消防技术服务机构以年度为时间单位对消防设施进行周期性巡检、测试。

检查方法和步骤:目测观察。

常见问题和解决方法:

常见问题:喷头渗漏或喷头框架、溅水盘变形。

解决方法 1:拆下渗漏喷头,重新安装。

解决方法 2:更换喷头。

操作注意事项:

①进行喷头安装应使用专用扳手,严禁利用喷头的框架施拧;喷头的框架、溅水盘产生变形或释放原件损伤时,应采用规格、型号相同的喷头更换。

②易受机械损伤处的喷头,应加设喷头防护罩。

③在进行喷头更换前,应制定对应区域的应急处置措施。

④在进行喷头更换前,应对对应区域管道进行排水操作。

⑤涉及受限空间作业、高处作业时,应执行受限空间、高处作业安全管理方案及做好防护措施。

18. 水流指示器及信号阀外观

维保技术要求:水流指示器及信号阀外观应无锈蚀、污垢。

检查周期:消防技术服务机构以月为时间单位对消防设施进行定期巡检、测试。

检查方法和步骤:目测观察。

常见问题和解决方法:

常见问题:存在污垢、锈蚀情况。

解决方法:清理表面污垢,使用消防设施维修保养专用除锈喷剂进行除锈。

操作注意事项:涉及受限空间作业、高处作业时,应执行受限空间、高处作业安全管理方案及做好防护措施。

19. 水流指示器信号阀安装质量

维保技术要求:信号阀的安装应牢固、无渗漏、无损坏,信号阀应安装在水流指示器前的管道上,与水流指示器之间的距离不宜小于 300 mm。

检查周期:消防技术服务机构以季度为时间单位对消防设施进行阶段性巡检、测试。

检查方法和步骤:目测观察。

水流指示器和末端试水装置设置要求示意图如图 6-7 所示。

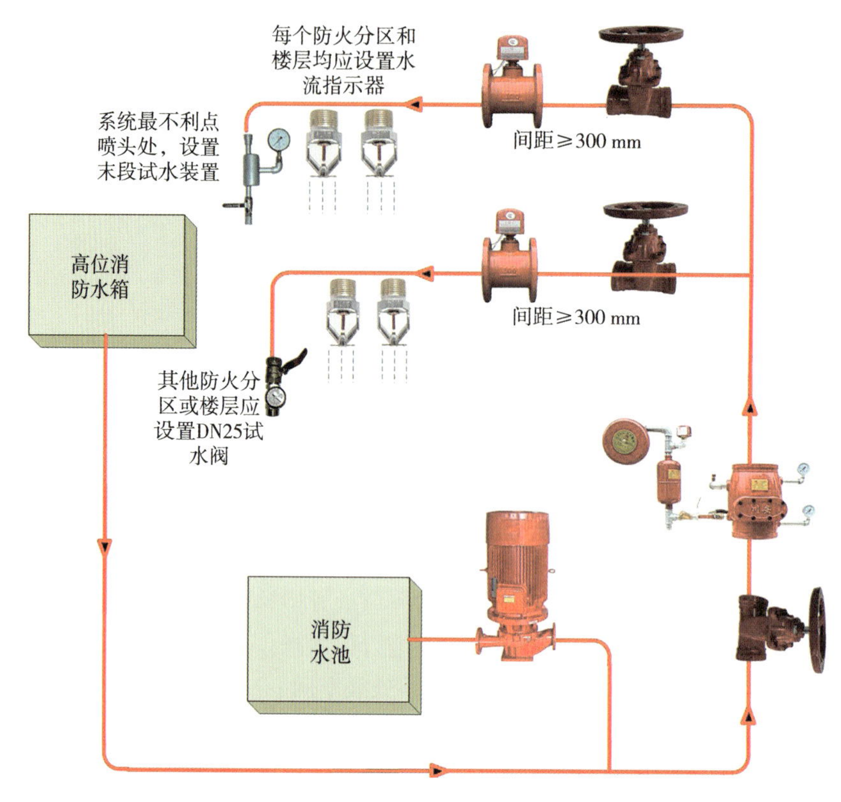

图 6-7　水流指示器和末端试水装置设置要求示意图

水流指示器、信号阀实景图如图 6-8 所示。

图 6-8　水流指示器、信号阀实景图

常见问题和解决方法：

常见问题：信号阀安装松动出现渗漏、损坏。

解决方法 1：紧固信号阀螺栓；

解决方法 2：更换损坏的信号阀。

操作注意事项:

①在进行信号阀更换前,应制定对应区域的应急处置措施。

②在进行信号阀更换前,应对对应区域进行排水操作。

③涉及受限空间作业、高处作业时,应执行受限空间、高处作业安全管理方案及做好防护措施。

20. 信号阀状态监控

维保技术要求:应能在火灾报警控制器上接收到信号阀的反馈信号。

检查周期:消防技术服务机构以年度为时间单位对消防设施进行周期性巡检、测试。

检查方法和步骤:

①目测观察;

②转动阀门,控制阀指针指向关闭时,火灾报警控制器上应接收到反馈信号;

③将控制阀复位至常开状态。

常见问题和解决方法:

常见问题1:阀门转动不灵活。

解决方法:使用消防设施维修保养专用润滑喷剂对阀杆进行润滑,如转动卡顿严重,无法转至全开或全闭状态,则需更换阀门。

常见问题2:信号阀关闭后火灾报警控制器未接收到反馈信号。

解决方法1:检查排除阀门是否转至全闭状态或常闭触点异常;

解决方法2:检查排除接线松动或接线错误;

解决方法3:检查排除线路故障;

解决方法4:检查排除模块故障或存在模块注册、注释地址错误。

操作注意事项:

①当信号阀进行更换时,应关闭管路阀门并进行管道排水;更换完成后,应及时打开管路阀门,恢复常开状态。

②涉及高处作业时,应执行高处作业安全管理方案及做好防护措施。

21. 信号阀润滑

维保技术要求:信号阀润滑时应涂抹均匀;检查维护润滑时间是否超过一个季度。

检查周期:消防技术服务机构以季度为时间单位对消防设施进行阶段性巡检、测试。

检查方法和步骤:

①手动旋转信号阀手轮/手柄,检查其转动是否灵活,启闭功能是否正常;

②查看上一次润滑记录。

常见问题和解决方法:

常见问题1:信号阀阀杆因锈蚀旋转不灵活,存在卡阻或启闭不到位情况。

解决方法1:使用消防设施维修保养专用润滑喷剂对阀杆进行润滑保养;

解决方法 2:更换信号阀。

常见问题 2:阀杆存在卡丝、滑丝情况。

解决方法:更换信号阀。

操作注意事项:

①信号阀润滑作业应定期记录并保存,便于消防设施维护管理。

②信号阀润滑时应均匀涂抹润滑剂,使阀杆充分润滑,宜使用消防设施维修保养专用润滑喷剂。

③信号阀润滑作业中润滑喷剂仅作用于润滑阀杆,润滑喷剂不宜接触阀内密封胶垫。

22. 水流指示器安装质量

水流指示器具体的技术要求如表 6-4 所示。

表 6-4 水流指示器技术要求

个数确定	(1) 除报警阀组控制的洒水喷头只保护不超过防火分区面积的同层场所外,每个防火分区、每个楼层均应设置水流指示器 (2) 仓库内顶板下洒水喷头与货架内置洒水喷头应分别设置水流指示器
一般要求	当水流指示器入口前设置控制阀时,应采用信号阀,与水流指示器之间的距离不宜小于 300 mm

维保技术要求:水流指示器的安装应牢固、无渗漏、阀体端正。水流指示器电器元件部位应竖直安装在水平管道上侧,其动作方向应与水流方向一致。

检查周期:消防技术服务机构以月为时间单位对消防设施进行定期巡检、测试。

检查方法和步骤:目测观察。

常见问题和解决方法:

常见问题 1:水流指示器出现松动渗漏。

解决方法 1:紧固水流指示器螺栓;

解决方法 2:更换水流指示器。

常见问题 2:水流指示器阀体安装不端正。

解决方法:重新安装水流指示器。

操作注意事项:

①在进行水流指示器更换前,应制定对应区域的应急处置措施。

②在进行水流指示器更换前,应对对应区域进行排水操作。

③涉及受限空间作业、高处作业时,应执行受限空间、高处作业安全管理方案及做好防护措施。

23. 水流指示器的报警功能

维保技术要求:打开任一试水阀防水,水流指示器应能动作,火灾报警控制器应能接收到水流指示器动作的监管信号。

检查周期:消防技术服务机构以年度为时间单位对消防设施进行周期性巡检、测试。

检查方法和步骤:

①将喷淋泵控制柜置于手动状态;

②打开试水阀放水(出水压力不应低于0.05 MPa,出流量达到0.94～1.5 L/s),水流指示器应动作;

③关闭试水阀;

④将喷淋泵控制柜恢复至自动状态;

⑤测试时火灾报警控制器应能接收到水流指示器动作的监管信号,测试结束后将火灾报警控制器进行复位操作。

常见问题和解决方法:

常见问题1:试水阀放水参数达到规范规定值后,水流指示器未动作或火灾报警控制器未能接收到水流指示器动作的监管信号。

解决方法1:检查排除水流指示器故障或更换水流指示器;

解决方法2:检查排除模块、线路故障;

解决方法3:检查修正模块注册、注释地址错误信息。

常见问题2:火灾报警控制器间断性接收到水流指示器动作的监管信号。

解决方法1:检查排除水流指示器故障或更换水流指示器;

解决方法2:检查管路中是否存在空气,则进行排水排气操作。

操作注意事项:

①在进行水流指示器维修、更换前,应制定对应区域应急处置措施后方可执行。

②在进行水流指示器维修、更换前,应对对应区域先行排水。

③涉及高处作业时,应执行高处作业安全管理方案及做好防护措施。

24. 末端试水装置

末端试水装置的具体技术要求如表6-5所示。

表6-5 末端试水装置技术要求

个数确定	每个报警阀组控制的最不利点洒水喷头处应设末端装置,其他防火分区、楼层均应设直径为25 mm的试水阀
基本组成	末端试水装置应由试水阀、压力表以及试水接头组成
一般要求	(1) 试水接头出水口的流量系数,应等同于同楼层或防火分区内的最小流量系数洒水喷头。末端试水装置的出水,应采取孔口出流的方式排入排水管,排水立管伸顶通气管,且管径不应小于75 mm (2) 末端试水装置和试水阀应有标识,距地面的高度宜为1.5 m,并应采取不被他用的措施

维保技术要求:末端试水装置应由试水阀、压力表以及试水接头组成。

检查周期:消防技术服务机构以月为时间单位对消防设施进行定期巡检、测试。

检查方法和步骤:目测观察。

末端试水装置实景图如图6-9所示。

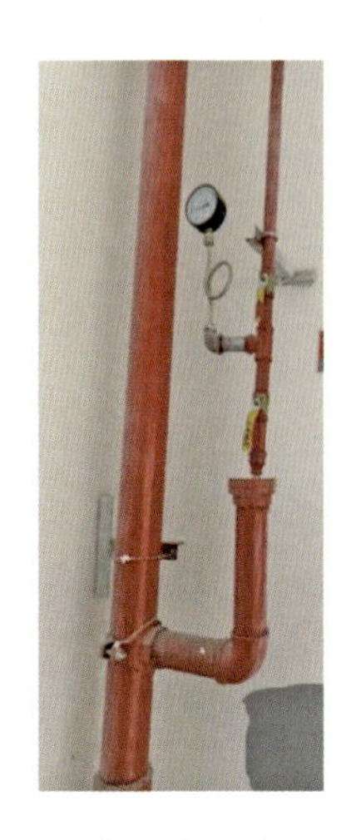

图 6-9 末端试水装置实景图

常见问题和解决方法:

常见问题:组件不完整。

解决方法:补充缺失组件。

操作注意事项:

①末端试水装置宜在进水端设置检修阀,保持常开。检修阀阀杆定期润滑。

②末端试水装置压力表宜进行防水防尘措施。

③在末端试水装置本体上宜增设“防止误启动警示”的标志。

25. 末端试水装置外观

维保技术要求:末端试水装置外观应无锈蚀、无污垢、无油漆脱落;末端试水装置和试水阀应有标识。

检查周期:消防技术服务机构以月为时间单位对消防设施进行定期巡检、测试。

检查方法和步骤:目测观察。

常见问题和解决方法:

常见问题:存在污垢、锈蚀、油漆脱落情况。

解决方法:清理表面污垢,使用消防设施维修保养专用除锈喷剂进行除锈,并进行补漆。

操作注意事项:

①末端试水装置压力表宜进行防水防尘措施。

②在末端试水装置本体上宜增设“防止误启动警示”的标志。

③末端试水装置和试水阀应有标识。

26. 末端试水装置安装质量

维保技术要求:末端试水装置安装应牢固、无渗漏。

检查周期:单位消防巡检人员每日对消防设施进行日常巡查。

检查方法和步骤:

①检查末端试水装置的排水立管、压力表、阀门均应安装牢固无晃动,阀门开闭应灵活;

②目测观察是否有渗漏。

常见问题和解决方法:

常见问题 1:管道存在晃动。

解决方法:紧固螺栓或查看排水立管固定支架是否安装牢固。

常见问题 2:管道存在渗漏。

解决方法 1:查看压力表接头处是否连接稳固;

解决方法 2:查看密封胶垫是否老化。

常见问题 3:末端试水装置试水阀关闭不严。

解决方法:排除试水阀未完全关闭情形,则需更换损坏的试水阀。

操作注意事项:

①末端试水装置宜在进水端设置检修阀,保持常开。检修阀阀杆定期润滑。

②更换试水阀、压力表及试水接头时,关闭检修阀进行安装作业,安装完毕后恢复检修阀常开状态。

③末端试水装置试水阀应定期润滑,压力表宜进行防水防尘措施。

④在末端试水装置本体上宜增设"防止误启动警示"的标志。

27. 末端试水装置压力表读数

维保技术要求:末端试水装置准工作状态时压力表读数应不小于 0.1 MPa;当设置增压稳压装置时,压力应不小于 0.15 MPa。

检查周期:消防技术服务机构以月为时间单位对消防设施进行定期巡检、测试。

检查方法和步骤:目测观察并记录。

常见问题和解决方法:

常见问题 1:未设置增压稳压装置时,末端试水装置压力表读数不满足技术规范要求。

解决方法 1:检查排除末端试水装置压力表故障或更换压力表;

解决方法 2:核查高位消防水箱实际安装高度是否满足设计要求,如低于设计要求,则函告业主联系施工单位或予以整改;

解决方法 3:检查排除喷淋管网泄漏问题;

解决方法 4:如解决方法 1 整改难度较大,则建议业主增设增压稳压装置。

常见问题 2:设有增压稳压装置时,末端试水装置压力表读数不满足技术规范要求。

解决方法 1:检查排除末端试水装置压力表故障或更换压力表;

解决方法 2:检查排除喷淋管网泄漏问题;

解决方法 3:检查排除增压稳压装置或装置管路上止回阀故障;

解决方法 4:检查修正增压稳压装置设置参数;

解决方法 5:检查排除高位消防水箱出水管上止回阀安装错误或损坏故障。

操作注意事项：

①因稳压泵、稳压泵电源线路、稳压泵控制柜等故障涉及专业技术，应函告业主由水泵专业技术人员进行维修处理。

②当末端试水装置压力表读数不满足技术规范要求时，应函告业主查看原设计图纸排除稳压泵选型错误的问题。

28. 末端试水装置排水设施

维保技术要求：应按规定设置排水设施。

检查周期：消防技术服务机构以年度为时间单位对消防设施进行周期性巡检、测试。

检查方法和步骤：

①将喷淋泵控制柜至于手动状态；

②打开试水阀阀门，观察排水情况；

③关闭试水阀阀门；

④将喷淋泵控制柜恢复至自动状态。

常见问题和解决方法：

常见问题：无排水设施。

解决方法：增设排水设施，如涉及建筑结构则需函告业主进行整改。

操作注意事项：

①该项检查旨在观察末端试水装置的排水情况，无须启动喷淋泵，故在检查前应将喷淋泵控制柜置于手动状态。

②当发现末端试水装置未设置明显排水设施时，应谨慎操作，做好防护措施，避免造成其他损失。

③末端试水装置的出水，应采取孔口出流的方式排入排水管道，排水立管宜设伸顶通气管，且管径不应小于 75 mm。

29. 湿式报警阀处压力开关启动喷淋泵试验

维保技术要求：打开湿式报警阀的试验阀，压力开关应能在 90 s 内动作(如系统未设置延迟器，压力开关应在 15 s 内动作)，喷淋泵应能启动，火灾报警控制器应能接收压力开关和喷淋泵的动作信号。

检查周期：消防技术服务机构以年度为时间单位对消防设施进行周期性巡检、测试。

检查方法和步骤：

①将火灾报警控制器主机置于手动状态；

②将喷淋泵控制柜置于自动状态；

③打开湿式报警阀试验阀；

④压力开关应动作；

⑤喷淋泵应启动；

⑥关闭湿式报警阀试验阀；

⑦喷淋泵停泵操作；

⑧测试时火灾报警控制器应接收到压力开关和喷淋泵动作反馈信息，测试结束后将火灾报警控制器进行复位操作并恢复至自动状态。

常见问题和解决方法：

常见问题：打开湿式报警阀试验阀，压力开关动作且有信号反馈，但喷淋泵未能启动。

解决方法 1：检查排除压力开关至喷淋泵控制柜的线路故障；

解决方法 2：检查排除喷淋泵控制柜、喷淋泵故障。

操作注意事项：

①涉及消防水泵、消防水泵电源线路、消防水泵控制柜故障，应由水泵专业技术人员进行维修处置。

②启泵前应确保安全泄压阀功能正常。

30. 自动喷水灭火系统(湿式)联动试验

自动喷水灭火系统（湿式）常见联动触发信号、联动控制及联动反馈信号如表 6-6 所示。

表 6-6 自动喷水灭火系统(湿式)常见联动触发信号、联动控制及联动反馈信号

联动触发信号	联动控制	联动反馈信号
报警阀防护区域内符合联动控制触发条件的一只火灾探测器或一只手动火灾报警按钮发出火灾报警信号，使报警阀的压力开关动作	启动喷淋消防泵	水流指示器、信号阀、压力开关、喷淋消防泵的启动和停止的动作信号
手动控制方式，应将喷淋消防泵控制箱（柜）的启动、停止按钮用专用线路直接连接至设置在消防控制室内的消防联动控制器的手动控制盘，直接手动控制喷淋消防泵的启动、停止		

维保技术要求：打开末端试水装置试水阀，水流指示器、流量开关、低压压力开关、报警阀压力开关、水力警铃、喷淋泵应能正常动作。开启末端试水装置放水阀，出水压力不应低于 0.05 MPa，出流量达到 0.94～1.5 L/s。水流指示器动作。湿式报警阀进水口水压大于 0.14 MPa，流量大于 1.0 L/s 时，湿式报警阀阀瓣打开。带延迟器的压力开关 90 s 内动作，启动喷淋泵；带延迟器的水力警铃 5～90 s 内发出报警铃声，无延迟时 15 s 内发出报警铃声。在距离水力警铃 3 m 处，用声级计测得报警铃声不小于 70 dB。应在开启末端试水装置后 5 min 内自动启动消防水泵。火灾报警控制器应能接收并显示水流指示器、压力开关和喷淋泵的反馈信号。

检查周期：消防技术服务机构以年度为时间单位对消防设施进行周期性巡检、测试。

检查方法和步骤：

①将火灾报警控制器置于自动状态；

②将喷淋泵控制柜置于自动状态；

③打开末端试水装置试水阀；

④水流指示器、流量开关、低压压力开关、报警阀压力开关、水力警铃、喷淋泵应能正常启动；

⑤关闭末端试水装置试水阀；

⑥喷淋泵停泵操作；

⑦测试时火灾报警控制器应接收到水流指示器、流量开关、低压压力开关、报警阀压力开关和喷淋泵动作反馈信息，测试结束后将火灾报警控制器进行复位操作并恢复至自动状态。

常见问题和解决方法：

常见问题：开启末端试水装置后 5 min 内未启动消防水泵。

解决方法：按上述相关章节内容分项检查排除流量开关、低压压力开关、报警阀压力开关、喷淋泵控制柜、喷淋泵、模块、线路等故障。

操作注意事项：

①依据《自动喷水灭火系统设计规范》GB 50084—2017 第 11.0.1 条规定：湿式系统应由消防水泵出水干管上设置的压力开关、高位消防水箱出水管上的流量开关和报警阀组压力开关直接自动启动消防水泵。

②涉及消防水泵、消防水泵电源线路、消防水泵控制柜故障，应由水泵专业技术人员进行维修处置。

③当进行喷淋泵控制柜检修时，须警惕触电风险，操作人员应具备相应电工操作资格，作业工具保持绝缘性完好。

④启泵前应确保安全泄压阀功能正常。

⑤涉及高处作业时，应执行高处作业安全管理方案及做好防护措施。

⑥启泵测试时间不宜过长。

31. 过滤器排渣、完好状态检查

维保技术要求：过滤器排渣、完好状态检查。

检查周期：消防技术服务机构以年度为时间单位对消防设施进行周期性巡检、测试。

检查方法和步骤：

①拆下过滤器，清洗过滤网；

②将过滤器重新安装。

Y 型过滤器如图 6-10 所示。

常见问题和解决方法：

常见问题：过滤网损坏。

解决方法：更换过滤网。

操作注意事项：清理或更换过滤器时注意关闭管路阀门，操作完成后管路阀门应及时恢复至常开状态。

图 6-10　Y 型过滤器

32. 水泵接合器

维保技术要求:水泵接合器应无破损、变形、锈蚀;水泵接合器组件应完整;消防水泵接合器永久性固定标志应能识别其所对应的自动喷水灭火系统,当有分区时应有分区标识。

检查周期:消防技术服务机构以季度为时间单位对消防设施进行阶段性巡检、测试。

检查方法和步骤:

①目测观察水泵接合器外观及组件是否完整、锈蚀,标识标牌是否完整;

②打开闷盖及控制阀,不应有水流出。

常见问题和解决方法:

常见问题 1:存在锈蚀、油漆脱落情况,阀门因锈蚀严重无法打开。

解决方法 1:使用消防设施维修保养专用除锈喷剂及消防设施维修保养专用润滑喷剂进行维护,再进行补漆操作;

解决方法 2:对老化锈蚀严重的设备进行更换。

常见问题 2:无水泵接合器标识或标识不完整。

解决方法:核对图纸,按用途和区域喷涂或悬挂水泵接合器标识。

常见问题 3:组件损坏或丢失。

解决方法:更换或补充组件,老化损毁严重的设备进行更换。

常见问题4:打开闷盖及控制阀有水从接口内流出。

解决方法:检查排除止回阀损坏,排除后检查修正安装方向的错误。

操作注意事项:

①水泵结合器通常由接口、本体、连接管、止回阀、安全阀、放空阀、控制阀组成。

②对地上式水泵结合器安装防撞装置,冬季应对地上式水泵接合器进行保温。

③设置在绿化带内的地上式水泵接合器应注意定期对周围绿植进行清除,便于识别。

④地上式水泵接合器周围不得设置障碍物,会妨碍水泵接合器使用。

七　建筑防烟排烟系统

建筑防烟排烟系统的定义和作用

建筑防烟排烟系统是重要的消防设施，建筑物一旦发生火灾后，能及时将高温、有毒的烟气迅速排出室外；限制火灾蔓延，并为火场逃生通道提供新鲜空气，防止高温、有毒烟气入侵逃生通道，保障火场逃生人员的安全，作用十分重要。

建筑防烟排烟系统的组成

建筑防烟排烟系统由送排风管道、风道井、防火阀、风机设备、风机控制柜等组成。

建筑防烟排烟系统维护保养的意义

火灾现场内的烟气具有高温、有毒有害、遮挡视线等危害性，对防排烟系统应进行定期维护保养，确保建筑防烟排烟系统功能的完好有效。对公众集聚场所建筑来说，尤其重要。

1. 风机及控制柜

排烟风机的设置要求如表 7-1 所示。

表 7-1　排烟风机的设置要求

风机选型	排烟风机可选用离心式或轴流排烟风机
性能要求和连锁控制	排风机应满足 280 ℃时连续工作 30 min 的要求，排烟风机应与风机入口处的排烟防火阀连锁，当该阀关闭时，排烟风机应能停止运转
设置位置	排烟风机应设置在专用机房内，且风机两侧应有 600 mm 以上的空间；宜设置在排烟系统的最高处，烟气出口宜朝上
排烟系统与通风空气调节系统共用	其排烟风机与排风风机的合用机房应符合下列规定： (1) 机房内应设置自动喷水灭火系统 (2) 机房内不得设置用于机械加压送风的风机与管道 (3) 排烟风机与排烟管道的连接部件应能在 280 ℃时连续 30 min 保证其结构完整性
	排烟系统与通风、空气调节系统应分开设置；当确有困难时可以合用，但应符合排烟系统的要求，且当排烟口打开时，每个排烟合用系统的管道上需联动关闭的通风和空气调节系统的控制阀门不应超过 10 个

(1) 铭牌、标志

维保技术要求：应有耐久性铭牌，风机及控制柜应标有用途、编号的标志。

检查周期:消防技术服务机构以月为时间单位对消防设施进行定期巡检、测试。

检查方法和步骤:目测观察铭牌、标志。

风机铭牌、控制柜标志实景图如图 7-1 所示。

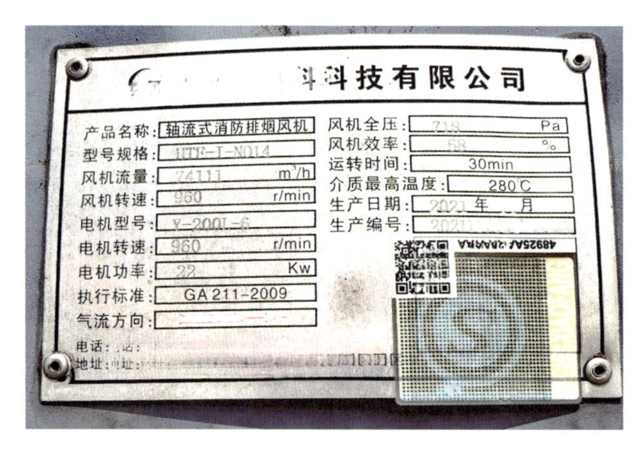

(a)

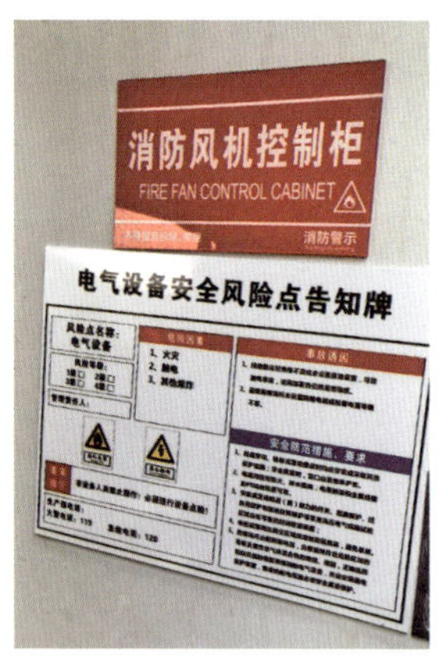

(b)

图 7-1　风机铭牌、控制柜标志实景图

常见问题和解决方法:

常见问题 1:铭牌脱落,铭牌遗失或字迹无法分辨。

解决方法 1:将脱落铭牌重新安装在原有位置;

解决方法 2:铭牌损毁严重则需函告业主提供该设备档案备查。

常见问题 2:风机、控制柜上未标明用途、编号的标志。

解决方法:查看设计图纸确定该风机用途后,在风机、控制柜上标明用途、编号。

操作注意事项:

①铭牌与业主留存的档案资料应相互对应且均有消防防排烟使用的明显标志,满足设计的功率及风量、风压要求。

②控制柜上用途、编号应与设计图纸一致。

(2) 控制柜外观

维保技术要求:控制柜外观应干净、无污垢。

检查周期:单位消防巡检人员每日对消防设施进行日常巡查。

检查方法和步骤:目测观察。

常见问题和解决方法:

常见问题 1:控制柜存在锈蚀、油漆脱落情况。

解决方法:使用消防设施维修保养专用除锈喷剂进行除锈,并进行补漆。

常见问题 2:控制柜外观存在碰撞变形、柜门脱落。

解决方法:修复或更换柜门等相关组件。

常见问题 3:表面存在灰尘、污垢。

解决方法:使用除尘风机清理内部灰尘,清理表面污垢。

操作注意事项：

①维修、清洁控制柜前应断开电源，经测试无电后，方可进行清洁操作。

②操作人员应具备相应电工操作资格，作业工具保持绝缘性完好。

风机控制柜实景图如图 7-2 所示。

图 7-2 风机控制柜实景图

(3) 控制柜工作指示灯

维保技术要求：所有工作指示灯应处于正常工作状态。

检查周期：消防技术服务机构以月为时间单位对消防设施进行定期巡检、测试。

检查方法和步骤：

①目测观察；

②启停测试、再次目测观察。

控制柜工作指示灯实景图如图 7-3 所示。

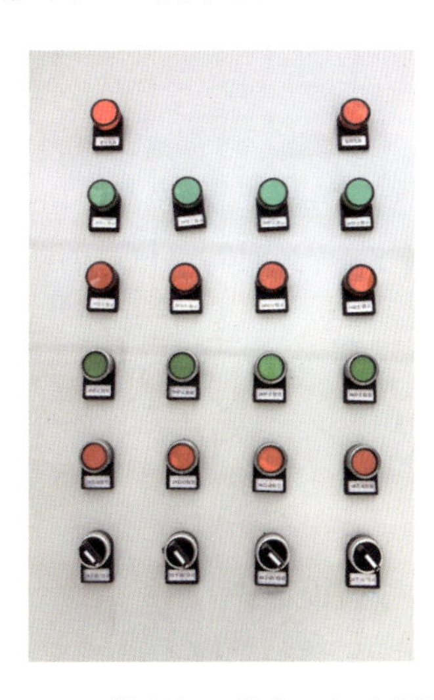

图 7-3 控制柜工作指示灯实景图

常见问题和解决方法：

常见问题：指示灯不亮或按下启动或停止按钮，指示灯未点亮。

解决方法1：检查排除指示灯故障；

解决方法2：检查排除线路接线端故障；

解决方法3：检查排除线路未通电。

操作注意事项：当进行指示灯故障排除时，须警惕触电风险，操作人员应具备相应电工操作资格，作业工具保持绝缘性完好。

(4) 控制柜电压、电流表

维保技术要求：风机启动正常后，风机控制柜上的电压、电流表读数应正常。

检查周期：消防技术服务机构以月为时间单位对消防设施进行定期巡检、测试。

检查方法和步骤：

①将风机控制柜至于手动位置；

②现场按下手动按钮启动风机，火灾报警控制器应收到反馈信息。风机运行平稳后，观察电压、电流表读数；

③测试完毕后，将风机控制柜恢复至自动位置；

④测试结束后将火灾报警控制器进行复位。

常见问题和解决方法：

常见问题1：启动电流、电压大于风机额定电流、电压。

解决方法：函告业主及时联系风机控制柜生产厂家进行处理。

常见问题2：电压表及电流表损坏。

解决方法：更换损坏的电压表、电流表。

常见问题3：风机启动后，火灾报警控制器未接收到反馈信号。

解决方法：检查排除未安装模块或模块故障。

操作注意事项：当进行故障排除时，须警惕触电风险，操作人员应具备相应电工操作资格，作业工具保持绝缘性完好。

(5) 手/自动转换开关

维保技术要求：风机控制柜上的手/自动转换开关切换应正常。

检查周期：消防技术服务机构以月为时间单位对消防设施进行定期巡检、测试。

检查方法和步骤：切换手/自动转换开关，手自动状态应能正常切换，若设置指示灯时，对应指示灯应能正常点亮。

常见问题和解决方法：

常见问题1：手/自动转换开关无法切换。

常见问题2：指示灯无法点亮。

解决方法1：检查排除旋钮、按钮损坏；

解决方法2：检查排除转换开关、指示灯损坏；

解决方法3：检查排除线路故障。

手/自动转换开关如图 7-4 所示。

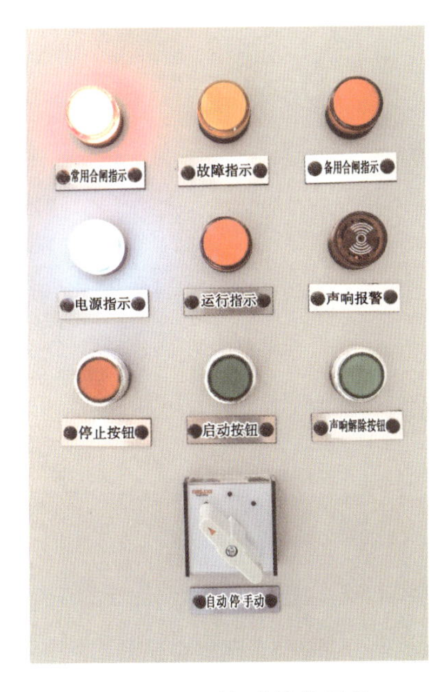

图 7-4　手/自动转换开关

操作注意事项：

①手/自动转换开关标识无法识别或标识错误时，应重新标明。

②当进行故障排除时，须警惕触电风险，操作人员应具备相应电工操作资格，作业工具保持绝缘性完好。

(6) 风机外观

维保技术要求：风机外观应无污垢、无锈蚀、无油漆脱落；风机防护网应完好无锈蚀，软连接应连接稳固、无破损、无老化。

检查周期：消防技术服务机构以月为时间单位对消防设施进行定期巡检、测试。

检查方法和步骤：目测观察。

常见问题和解决方法：

常见问题 1：表面存在灰尘、污垢。

解决方法：定期清理灰尘、污垢。

常见问题 2：存在锈蚀、油漆脱落。

解决方法：使用消防设施维修保养专用除锈喷剂进行除锈，并进行补漆。

常见问题 3：防护网、软连接损坏。

解决方法：更换损坏部件。

风机实景图如图 7-5 所示。

图 7-5　风机实景图

操作注意事项：

①进行补漆作业时，注意对风机铭牌、风向标识进行保护。

②在更换防护网、软连接前，应断开电源，经测试无电后，方可进行操作，并在电源合闸处悬挂“正在维修，严禁合闸”的标志牌。

③当进行维修作业时，须警惕触电风险，操作人员应具备相应电工操作资格，作业工具保持绝缘性完好。

(7) 风机现场启动

维保技术要求：在风机控制柜上手动启动风机，风机应能正常启动。

检查周期：消防技术服务机构以月为时间单位对消防设施进行定期巡检、测试。

检查方法和步骤：

①将风机控制柜置于手动位置；

②现场按下启动按钮，对应风机应能正常启动，火灾报警控制器应收到反馈信息；

③现场按下停止按钮，对应风机应能正常停止；

④将风机控制柜恢复至自动位置；

⑤测试结束后将火灾报警控制器进行复位。

常见问题和解决方法：

常见问题 1：按下启动、停止按钮后，风机不能正常启停。

解决方法 1：检查电源，确保正常供电；

解决方法 2：检查排除按钮损坏；

解决方法 3：检查排除线路故障；

解决方法 4：检查排除风机控制柜或风机故障；

解决方法 5:维修、更换损坏设备。

常见问题 2:风机启动后运行不平稳,存在严重晃动。

解决方法 1:检查风机安装牢固情况,进行加固;

解决方法 2:检查电源,确保正常供电;

解决方法 3:检查修复变形风叶、清除内部异物。

常见问题 3:风机启动后,火灾报警控制器未接收到反馈信号。

解决方法:检查排除未安装模块或模块故障。

常见问题 4:风机启动后,气流方向与设计不一致。

解决方法 1:检查风机气流方向标识是否与设计一致,若气流方向标识与设计不一致时,应考虑风机安装方向错误则重新拆装,保证气流方向与设计一致;

解决方法 2:若气流方向标识与设计一致时,应更改电机相线位置。

风机现场启动如图 7-6 所示。

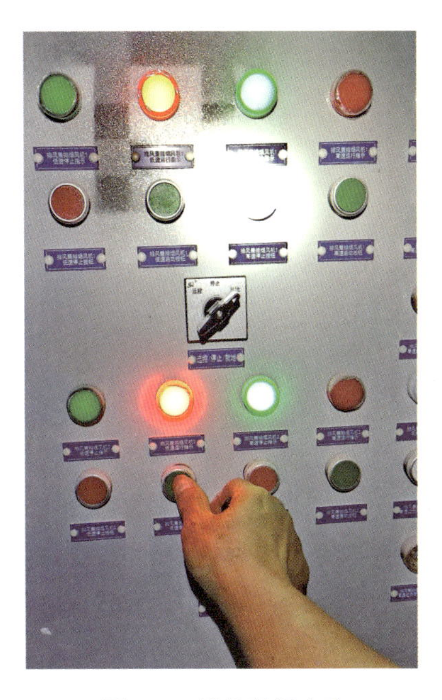

图 7-6　风机现场启动

操作注意事项:

①涉及风机控制柜、风机专业技术,应函告业主联系生产厂家专业技术人员进行处理。

②在拆装风机前,应断开电源,经测试无电后,方可进行操作,并在电源合闸处悬挂“正在维修,严禁合闸”的标志牌。

③当进行故障排除时,须警惕触电风险,操作人员应具备相应电工操作资格,作业工具保持绝缘性完好。

④涉及动火作业、高处作业时,应严格执行动火作业、高处作业安全管理方案及做好防护措施。

(8) 控制线路

维保技术要求:控制线路应连接正确,接线牢固,线路上应有明显标识。

检查周期:消防技术服务机构以月为时间单位对消防设施进行定期巡检、测试。

检查方法和步骤:

①目测观察,核对线路、标识是否与接线图一致;

②断开控制柜电源;

③用螺丝刀拨测,确保接线牢固;

④恢复控制柜电源并确保控制柜置于自动位置。

接线图实景图如图 7-7 所示。

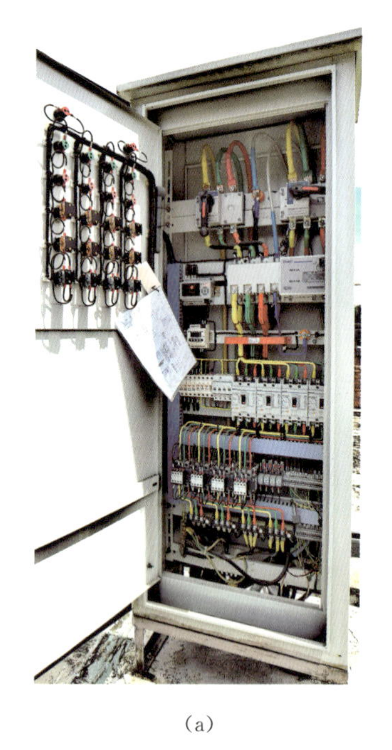

(a)

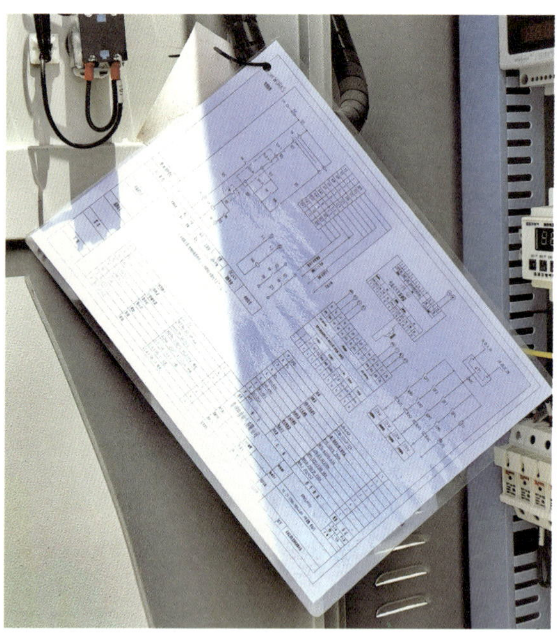

(b)

图 7-7 接线图实景图

常见问题和解决方法:

常见问题 1:控制柜内接线图损毁或缺失。

解决方法:按原接线图重新绘制并使用耐久性材料张贴于控制柜内,原接线图作为设备原始资料保存备查;如原接线图损毁严重或丢失则需函告业主联系生产厂家予以提供。

常见问题 2:控制线路连接接头处松动,端子处接线松动。

解决方法:紧固接线连接接头或接线端子处。

常见问题 3:线路标识缺失或错误。

解决方法:核对接线图和进线类别,重新标识。

操作注意事项：

①在维修前，应断开电源，经测试无电后，方可进行操作，并在电源合闸处悬挂“正在维修，严禁合闸”的标志牌。

②当进行故障排除时，须警惕触电风险，操作人员应具备相应电工操作资格，作业工具保持绝缘性完好。

③如发现接线端处锈蚀，宜使用消防设施维修保养专用除锈喷剂进行除锈防锈。

(9) 控制柜现场手动按钮功能及信号反馈

维保技术要求：按下手动启动按钮，风机启动且信号应反馈至火灾报警控制器(联动型)。

检查周期：消防技术服务机构以月为时间单位对消防设施进行定期巡检、测试。

检查方法和步骤：

①将风机控制柜置于手动位置；

②现场按下启动按钮，对应风机应能正常启动，火灾报警控制器应收到反馈信息；

③现场按下停止按钮，对应风机应能正常停止；

④将风机控制柜恢复至自动位置；

⑤测试结束后将火灾报警控制器进行复位。

控制柜手动按钮实景图如图 7-8 所示。

图 7-8　控制柜手动按钮实景图

常见问题和解决方法：

常见问题 1：按下启动、停止按钮后，风机不能正常启停。

解决方法 1：检查电源，确保正常供电；

解决方法 2：检查排除按钮损坏；

解决方法 3：检查排除线路故障；

解决方法 4：检查排除风机控制柜或风机故障。

常见问题 2：风机启动后，火灾报警控制器未接收到反馈信号。

解决方法：检查排除未安装模块或模块故障。

操作注意事项：

①涉及风机控制柜、风机专业技术，应函告业主联系生产厂家专业技术人员进行处理。

②在维修风机控制柜前，应断开电源，经测试无电后，方可进行操作，并在电源合闸处悬挂“正在维修，严禁合闸”的标志牌。

③在进行故障排除时，须警惕触电风险，操作人员应具备相应电工操作资格，作业工具保持绝缘性完好。

2. 常闭式送风阀（口）

机械加压送风系统组件的设置要求如表 7-2 所示。

表 7-2　机械加压送风系统组件的设置要求

<table>
<tr><td rowspan="5">加压送风机</td><td>风机选型</td><td>机械加压送风机宜采用轴流风机或中、低压离心风机</td></tr>
<tr><td>进风口</td><td>(1) 送风机的进风口应直通室外，且应采取防止烟气被吸入的措施
(2) 送风机的进风口宜设在机械加压送风系统的下部
(3) 送风机的进风口不应与排烟风机的出风口设在同一面上。当确有困难时，送风机的进风口与排烟风机的出风口应分开布置，且竖向布置时，送风机的进风口应设置在排烟风机出风口的下方，其两者边缘最小垂直距离不应小于 6.0 m；水平布置时，两者边缘最小水平距离不应小于 20.0 m</td></tr>
<tr><td>位置</td><td>送风机宜设置在系统的下部，且应采取保证各层送风量均匀性的措施</td></tr>
<tr><td>送风机房</td><td>送风机应设置在专用机房内，该房间应采用耐火极限不低于 2.00 h 的隔墙和 1.50 h 的楼板及甲级防火门与其他部位隔开</td></tr>
<tr><td>风阀</td><td>当送风机出风管或进风管上安装单向风阀或电动风阀时，应采取火灾时自动开启阀门的措施</td></tr>
<tr><td>自垂百叶式
加压送风口</td><td>设计要求</td><td>除直灌式加压送风方式外，楼梯间宜每隔 2～3 层设一个常开式百叶送风口；送风口的风速不宜大于 7 m/s</td></tr>
<tr><td>常闭式加压送风口</td><td>设计要求</td><td>前室应每层设一个常闭式加压送风口，并应设手动开启装置；送风口的风速不宜大于 7 m/s；防烟系统中任一常闭加压送风口开启时，加压风机应能自动启动</td></tr>
<tr><td>送风管道</td><td>设计要求</td><td>送风管道应采用不燃烧材料制作，不应采用土建井道。送风管道应独立设置在管道井内，管道井应采用耐火极限不小于 1.00 h 的隔墙与相邻部位分隔，当墙上必须设检修门时，应采用乙级防火门</td></tr>
<tr><td>余压阀</td><td>设计要求</td><td>余压阀是控制压力差的阀门。应在防烟楼梯间与前室、前室与走道之间设置余压阀，控制余压阀两侧正压间的压力差不超过 50 Pa</td></tr>
</table>

(1) 外观

维保技术要求：常闭式送风阀（口）外观无变形、损坏、锈蚀，油漆无脱落。

检查周期：消防技术服务机构以季度为时间单位对消防设施进行周期性巡检、测试。

检查方法和步骤：目测观察。

常闭式送风（阀）口实景图如图 7-9 所示。

(a)

(b)

图 7-9 常闭式送风(阀)口实景图

常见问题和解决方法:

常见问题 1:常闭式送风阀(口)外观存在灰尘、污垢。

解决方法:使用除尘风机清理表面灰尘,清理污垢。

常见问题 2:存在锈蚀、油漆脱落情况。

解决方法:使用消防设施维修保养专用除锈喷剂进行除锈,并进行补漆。

常见问题 3:常闭式送风阀(口)外观存在变形,影响使用功能。

解决方法:进行修复,变形严重则更换。

常见问题 4:送风口百叶外观变形、脱落、缺失。

解决方法:对脱落、变形百叶进行修复,变形严重缺失则重新安装。

常见问题 5:送风口无标识。

解决方法:增加标识。

操作注意事项:

①在维保过程中,应增强安全意识,做好防护,防止人员从送风口跌落。

②常闭式送风阀(口)手动执行机构外壳时常处于未上锁状态,易造成人为操作,故应在外壳明显处标识"送风口"及"防止误启动警示"。

③如送风口百叶缺失,应及时进行重新安装,防止人员从送风口跌落。

④涉及高处作业时,应执行高处作业安全管理方案及做好防护措施。

(2) 常闭式送风阀(口)现场手动

维保技术要求:应能正常打开及手动关闭送风阀(口),锁止及释放机构应能正常工作,火灾报警控制器应能接收到其动作反馈信号。

检查周期:消防技术服务机构以年度为时间单位对消防设施进行周期性巡检、测试。

检查方法和步骤:

①将火灾自动报警控制器置于手动状态和风机控制柜置于手动状态;

②现场手动开启常闭式送风阀(口)(拉动风阀手动执行机构拉环),输入/输出模块

输入指示灯应点亮并保持，火灾报警控制器(联动型)能接收到其动作的反馈信号；

③现场手动关闭常闭式送风阀(口)(复位手动执行机构)，输入/输出模块输入指示灯熄灭，巡检灯闪亮，火灾报警控制器(联动型)“启动”或“联动”指示灯应熄灭[因火灾报警控制器(联动型)生产厂家不同，会存在差异]；

④复位火灾报警控制器并恢复至自动状态；

⑤将风机控制柜恢复至自动状态。

常见问题和解决方法：

常见问题 1：常闭式送风阀(口)开启后火灾报警控制器未能收到反馈信号。

解决方法 1：检查常闭式送风阀(口)是否完全开启；

解决方法 2：检查排除线路、模块故障；

解决方法 3：检查修正模块注册、注释地址错误。

常见问题 2：手动执行机构无法复位。

解决方法：更换手动执行机构。

手动执行机构实景图如图 7-10 所示。

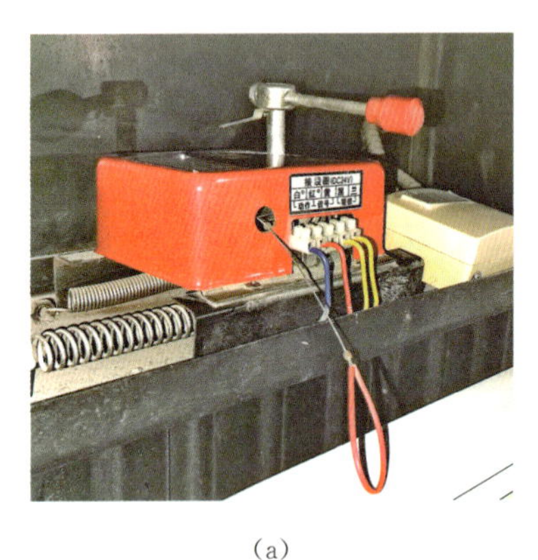

(a)

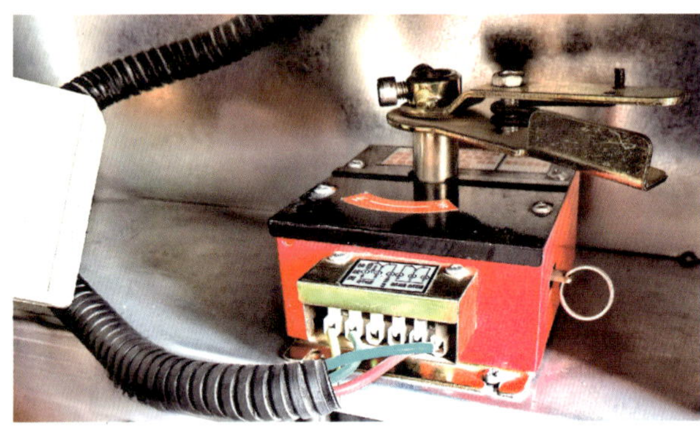

(b)

图 7-10 手动执行机构实景图

操作注意事项：

①在维保过程中，应增强安全意识，做好防护，防止人员从送风口跌落。

②常闭式送风阀(口)手动执行机构外壳时常处于未上锁状态，易造成人为操作，故应在外壳明显处标识“送风口”及“防止误启动警示”。

③涉及高处作业时，应执行高处作业安全管理方案及做好防护措施。

(3) 常闭式送风阀(口)动作信号反馈

维保技术要求：常闭式送风阀(口)动作的信号应能准确反馈至火灾报警控制器(联动型)。

检查周期：消防技术服务机构以年度为时间单位对消防设施进行周期性巡检、测试。

检查方法和步骤：

①将火灾自动报警控制器置于手动状态和风机控制柜置于手动状态；

②现场手动开启常闭式送风阀(口)(拉动风阀手动执行机构拉环),输入/输出模块输入指示灯应点亮并保持,火灾报警控制器(联动型)能接收到其动作的反馈信号;

③现场手动关闭常闭式送风阀(口)(复位手动执行机构),输入/输出模块输入指示灯熄灭,巡检灯闪亮,火灾报警控制器(联动型)“启动”或“联动”指示灯应熄灭[因火灾报警控制器(联动型)生产厂家不同,会存在差异];

④复位火灾报警控制器并恢复至自动状态;

⑤将风机控制柜恢复至自动状态。

常见问题和解决方法:

常见问题:常闭式送风阀(口)开启后火灾报警控制器未能收到反馈信号。

解决方法 1:检查常闭式送风阀(口)是否完全开启;

解决方法 2:检查排除线路、模块故障;

解决方法 3:检查修正模块注册、注释地址错误。

操作注意事项:

①在维保过程中,应增强安全意识,做好防护,防止人员从送风口跌落。

②常闭式送风阀(口)手动执行机构外壳时常处于未上锁状态,易造成人为操作,故应在外壳明显处标识“送风口”及“防止误启动警示”。

③涉及高处作业时,应执行高处作业安全管理方案及做好防护措施。

(4) 压差自动调节装置

维保技术要求:压差自动调节装置在设定压差范围内启闭灵活。

检查周期:消防技术服务机构以年度为时间单位对消防设施进行周期性巡检、测试。

压差自动调节装置的示意图如图 7-11～图 7-15 所示。

检查方法和步骤:

①将余压报警控制器(主机)置于自动状态,风机控制柜置于自动状态;

②现场手动开启闭式送风阀(口)(拉动风阀手动执行机构拉环),风机自动启动;

③使用余压测试装置使余压探测器压差大于设定值;

④余压控制器打开风机入口总管上设置的风阀控制器(旁通泄压阀)进行泄压;

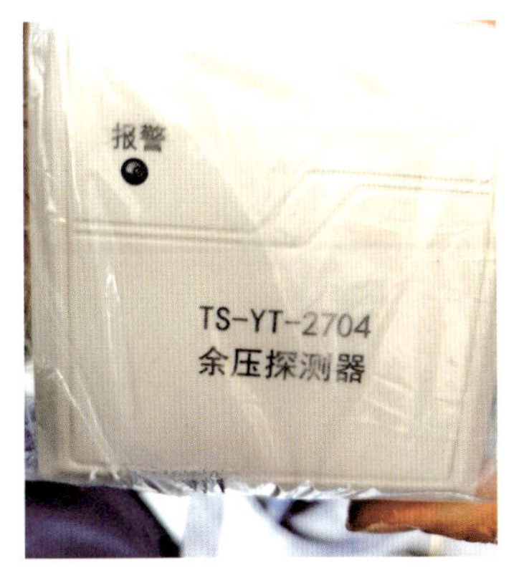

图 7-11　余压探测器

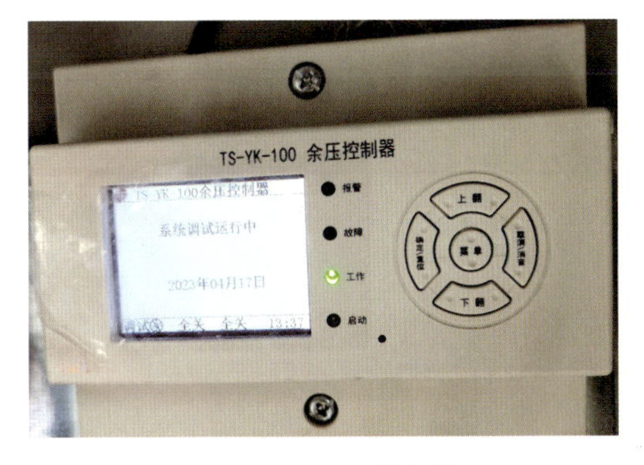

图 7-12　余压控制器

图 7-13　压差自动调节装置

图 7-14　风阀控制器

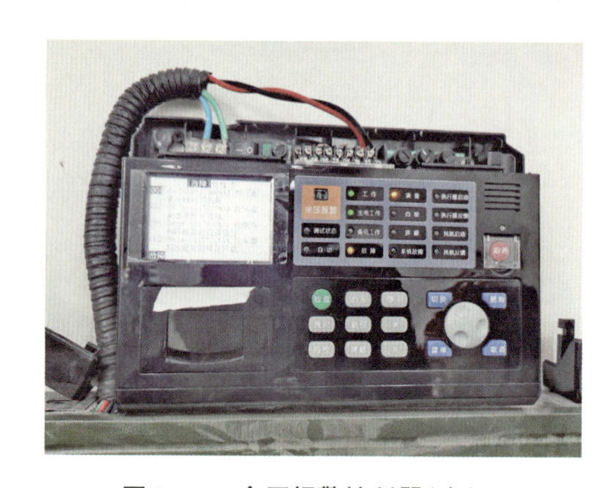

图 7-15　余压报警控制器(主机)

⑤恢复压差设定值,余压控制器自动控制风阀控制器(旁通泄压阀)关闭;

⑥现场手动关闭常闭式送风阀(口)(复位手动执行机构);

⑦复位火灾报警控制器(联动型);

⑧余压报警控制器(主机)应能正常接收到监管信号、报警信号及发出执行器开启和关闭的指令(因余压报警控制器生产厂家不同,会存在差异)。

余压系统设备实景图如图 7-16 所示。

常见问题和解决方法:

常见问题 1:余压探测器动作后无法自动打开风阀控制器(旁通泄压阀)。

常见问题 2:风阀控制器(旁通泄压阀)无法自动关闭。

解决方法 1:检查排除线路故障;

解决方法 2:检查排除余压控制器故障;

解决方法 3:检查排除风阀控制器(旁通泄压阀)故障。

操作注意事项:

①根据《建筑防烟排烟系统技术标准》GB 51251—2017 可知,机械加压送风量应满足走廊至前室至楼梯间的压力呈递增分布,余压值应符合下列规定:

a) 前室、封闭避难层(间)与走道之间的压差应为 25～30 Pa;

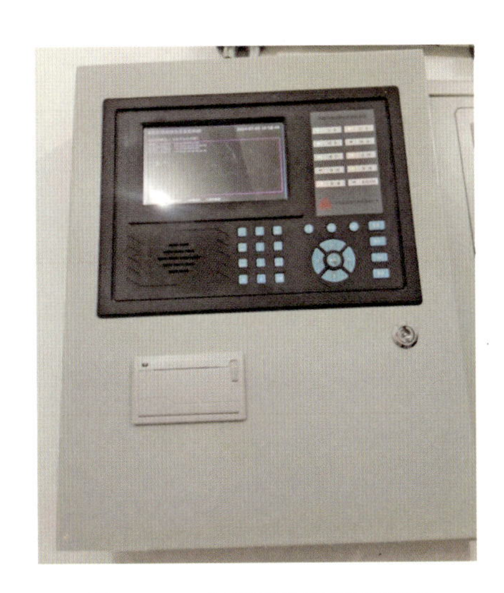

图 7-16　余压系统设备实景图

b）楼梯间与走道之间的压差应为 40～50 Pa；

c）当系统余压值超过最大允许压力差时应采取泄压措施。

②因余压报警设备涉及设备厂家技术专利限制，需函告业主与消防设备厂家联系进行处理。

(5) 阀转轴润滑

维保技术要求：阀转轴润滑时润滑剂应涂抹均匀；检查润滑维护时间不超过一个季度。

检查周期：消防技术服务机构以季度为时间单位对消防设施进行阶段性巡检、测试。

检查方法和步骤：

①对阀转轴部位进行润滑，不应漏涂、少涂，检查阀转轴是否灵活。

②查看上一次润滑记录。

送风阀转轴润滑操作如图 7-17 所示。

图 7-17　送风阀转轴润滑操作

常见问题和解决方法:
常见问题:阀转轴转动卡顿。
解决方法:使用消防设施维修保养专用润滑喷剂进行充分润滑保养。
操作注意事项:
①出现阀转轴卡死现象,人员维修时严禁将手伸入风口中,避免造成人身伤害。
②在润滑过程中,应增强安全意识,做好防护,防止人员从送风口跌落。

3. 常闭式排烟阀(口)

排烟阀(口)设置要求如表 7-3 所示。

表 7-3　排烟阀(口)设置要求

水平距离	防分区内任一点与最近的排烟口之间的水平距离不应大于 30 m
设置位置	(1) 排烟口设置在顶或近顶棚的墙面上 (2) 排烟口设在储烟仓内,当走道、室内空间净高不大于 3 m 的区域,其排烟口可设置在其净空高度的 1/2 以上;当设置在侧墙时,吊顶与其最近边缘的距离不应大于 0.5 m
开启方式	火灾时由火灾自动报警系统联动开启排烟区域的排烟阀或排烟口,应在现场设置手动开启装置
设计要求	排烟口的设置宜使烟流方向与人员疏散方向相反,排烟口与附近安全出口相邻边缘之间的水平距离不应小于 1.5 m
风速	排烟口的风速不宜大于 10 m/s

(1) 外观

维保技术要求:常闭式排烟阀(口)外观无变形、损坏、锈蚀,油漆无脱落。
检查周期:消防技术服务机构以季度为时间单位对消防设施进行周期性巡检、测试。
检查方法和步骤:目测观察。
排烟阀(口)外观实景图如图 7-18 所示。

(a)

(b)

图 7-18　排烟阀(口)外观实景图

常见问题和解决方法:
常见问题 1:常闭式排烟阀(口)外观存在灰尘、污垢。

解决方法:使用除尘风机或毛刷清理表面灰尘,清理污垢。

常见问题 2:存在锈蚀、油漆脱落情况。

解决方法:使用消防设施维修保养专用除锈喷剂进行除锈,并进行补漆。

常见问题 3:常闭式排烟阀(口)外观存在变形,影响使用功能。

解决方法:进行修复,变形严重则更换。

常见问题 4:排烟口百叶外观变形、脱落、缺失。

解决方法:对脱落、变形百叶进行修复,变形严重缺失则重新安装。

常见问题 5:排烟口无标识。

解决方法:增加排烟口标识。

操作注意事项:涉及高处作业时,应执行高处作业安全管理方案及做好防护措施。

(2) 常闭式排烟阀(口)现场手动

维保技术要求:应能正常打开及手动关闭常闭式排烟阀(口),锁止及释放机构应能正常工作,火灾报警控制器应能接收到其动作反馈信号。

检查周期:消防技术服务机构以年度为时间单位对消防设施进行周期性巡检、测试。

检查方法和步骤:

①将火灾自动报警控制器置于手动状态和风机控制柜置于手动状态;

②现场手动开启常闭式排烟阀(口)(拉动风阀手动执行机构拉环),输入/输出模块输入指示灯应点亮并保持,火灾报警控制器(联动型)能接收到其动作的反馈信号;

③现场手动关闭常闭式排烟阀(口)(复位手动执行机构),输入/输出模块输入指示灯熄灭,巡检灯闪亮,火灾报警控制器(联动型)“启动”或“联动”指示灯应熄灭[因火灾报警控制器(联动型)生产厂家不同,会存在差异];

④复位火灾报警控制器并恢复至自动状态;

⑤将风机控制柜恢复至自动状态。

常闭式排烟阀现场手动操作如图 7-19 所示。

图 7-19 常闭式排烟阀现场手动操作

常见问题和解决方法:

常见问题 1:常闭式排烟阀(口)开启后火灾报警控制器未能收到反馈信号。

解决方法 1:检查常闭式排烟阀(口)是否完全开启;

解决方法 2:检查排除线路、模块故障;

解决方法 3:检查修正模块注册、注释地址错误。

常见问题 2:手动执行机构无法复位。

解决方法:更换手动执行机构。

操作注意事项:涉及高处作业时,应执行高处作业安全管理方案及做好防护措施。

(3) 排烟阀(口)动作信号反馈

维保技术要求:排烟阀(口)动作的信号应能准确反馈至火灾报警控制器(联动型)。

检查周期:消防技术服务机构以年度为时间单位对消防设施进行周期性巡检、测试。

检查方法和步骤:

①将火灾自动报警控制器置于手动状态和风机控制柜置于手动状态;

②现场手动开启常闭式排烟阀(口)(拉动风阀手动执行机构拉环),输入/输出模块输入指示灯应点亮并保持,火灾报警控制器(联动型)能接收到其动作的反馈信号;

③现场手动关闭常闭式排烟阀(口)(复位手动执行机构),输入/输出模块输入指示灯熄灭,巡检灯闪亮,火灾报警控制器(联动型)"启动"或"联动"指示灯应熄灭[因火灾报警控制器(联动型)生产厂家不同,会存在差异];

④复位火灾报警控制器并恢复至自动状态;

⑤将风机控制柜恢复至自动状态。

常见问题和解决方法:

常见问题:常闭式排烟阀(口)开启后火灾报警控制器未能收到反馈信号。

解决方法 1:检查常闭式排烟阀(口)是否完全开启;

解决方法 2:检查排除线路、模块故障;

解决方法 3:检查修正模块注册、注释地址错误。

操作注意事项:涉及高处作业时,应执行高处作业安全管理方案及做好防护措施。

(4) 阀转轴润滑

维保技术要求:阀转轴润滑时润滑剂应涂抹均匀;检查润滑维护时间不超过一个季度。

检查周期:消防技术服务机构以季度为时间单位对消防设施进行阶段性巡检、测试。

检查方法和步骤:

①对阀转轴部位进行润滑,不应漏涂、少涂,检查阀转轴是否灵活。

②查看上一次润滑记录。

排烟阀转轴润滑操作如图 7-20 所示。

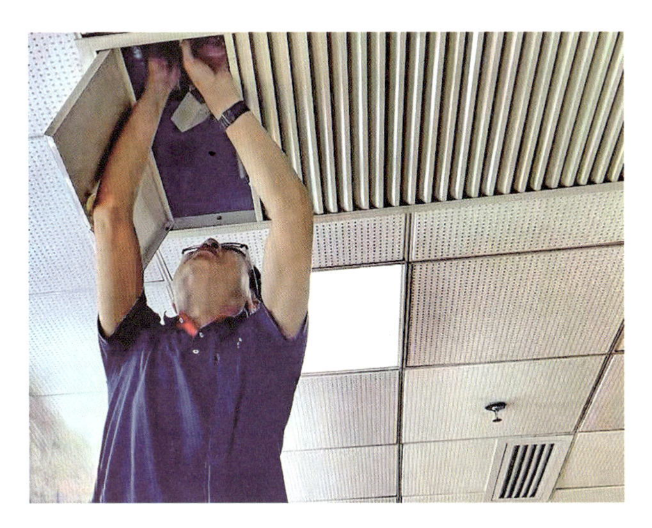

图 7-20 排烟阀转轴润滑操作

常见问题和解决方法：

常见问题：阀转轴转动卡顿。

解决方法：使用消防设施维修保养专用润滑喷剂进行充分润滑保养。

操作注意事项：出现阀转轴卡死现象，人员维修时严禁将手伸入风口中，避免造成人身伤害。

4. 电动挡烟垂壁

挡烟垂壁设置要求如表 7-4 所示。

表 7-4 挡烟垂壁设置要求

设置位量	当中庭与周围场所未采用防火隔墙、防火玻璃隔墙、防火卷帘时，中庭与周围场所之间应设置挡烟垂壁
	设置排烟设施的建筑内，敞开楼梯和自动扶梯穿越楼板的开口部位应设置挡烟垂壁等设施
分类	分为固定式、活动式
设计要求	挡烟垂壁的有效下降高度不小于 500 mm

(1) 电动挡烟垂壁外观

维保技术要求：电动挡烟垂壁的外观应无污损、无破损；应有永久性铭牌；应在明显位置设有标识。

检查周期：消防技术服务机构以月为时间单位对消防设施进行定期巡检、测试。

检查方法和步骤：目测观察。

挡烟垂壁实景图如图 7-21 所示。

(a)

(b)

图 7-21　挡烟垂壁实景图

常见问题和解决方法：

常见问题 1：电动挡烟垂壁的外观存在污垢。

解决方法：清理污垢。

常见问题 2：电动挡烟垂壁破损。

解决方法：更换挡烟垂帘。

常见问题 3：电动挡烟垂壁搭接处或与墙体搭接处缝隙大于 60 mm。

解决方法：更换挡烟垂帘。

常见问题 4：未设置标识。

解决方法：增设标识。

操作注意事项：

①活动挡烟垂壁与建筑结构(柱或墙)面的缝隙不应大于 60 mm，由两块或两块以上的挡烟垂帘组成的连续性挡烟垂壁，各块之间不应有缝隙，搭接宽度不应小于 100 mm。

②涉及高处作业时，应执行高处作业安全管理方案及做好防护措施。

(2) 现场手动

维保技术要求：电动挡烟垂壁应能正常下降且灵敏、可靠(采用活动式挡烟垂壁现场手动控制器，控制挡烟垂壁从闭合位置运行至设计工作位置，再由设计工作位置返回至闭合位置，完成一个循环)；运行至工作位置时，应与地面平行，并且工作位置应与设计一致。

检查周期：消防技术服务机构以月为时间单位对消防设施进行定期巡检、测试。

检查方法和步骤：

①观察电动挡烟垂壁周围是否有阻挡物；

②用专用钥匙打开现场手动控制器锁止装置；

③在现场手动控制器上按下启闭按钮，观察电动挡烟垂壁运行情况。

挡烟垂壁控制器、现场手动控制器、现场手动操作示意图分别如图 7-22～图 7-24 所示。

图 7-22　挡烟垂壁控制器实景图

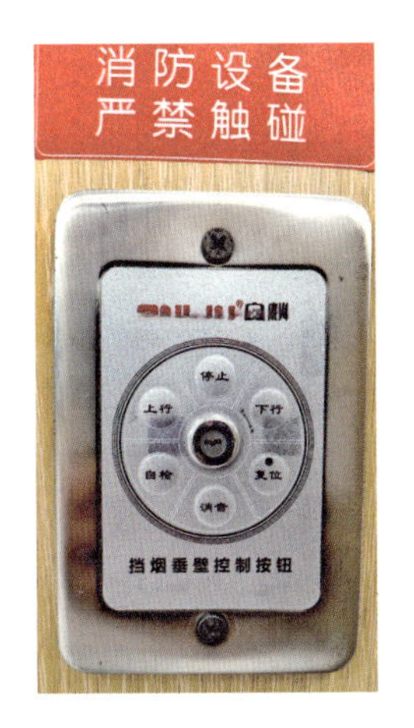

图 7-23　挡烟垂壁现场手动控制器实景图

图 7-24　电动挡烟垂壁现场手动操作

常见问题和解决方法:

常见问题 1:按下现场手动控制器后,电动挡烟垂壁不能下降。

解决方法:检查排除电源、线路、现场手动控制器、驱动装置故障。

常见问题 2:电动挡烟垂壁下降时与墙壁刮擦。

解决方法:维修或更换。

常见问题 3:电动挡烟垂壁运行至工作位置时,与地面不平行或工作位置与设计不一致。

解决方法:现场修正仍达不到设计要求则更换。

操作注意事项:

①维修前应断开电源,经测试无电后,方可进行操作。

②涉及高处作业时,应执行高处作业安全管理方案及做好防护措施。

(3) 动作信号反馈

维保技术要求:电动挡烟垂壁的动作信号应能准确反馈至火灾报警控制器(联动型)。

检查周期:消防技术服务机构以月为时间单位对消防设施进行定期巡检、测试。

检查方法和步骤：

①观察电动挡烟垂壁周围是否有阻挡物；

②现场手动或远程启动挡烟垂壁；

③当挡烟垂壁降至工作位置后，观察火灾报警控制器（联动型）能否接收到其动作的信号；

④现场对电动挡烟垂壁进行复位；

⑤火灾报警控制器进行复位操作。

常见问题和解决方法：

常见问题：电动挡烟垂壁降至工作位置后，火灾报警控制器（联动型）未能收到其动作反馈信号。

解决方法 1：检查排除线路、模块、火灾报警控制器故障；

解决方法 2：检查修正模块注册、注释错误。

操作注意事项：涉及高处作业时，应执行高处作业安全管理方案及做好防护措施。

5. 电动排烟窗

（1）排烟窗外观

维保技术要求：行程范围内应无遮挡物，组件应完整、无破损，明显位置应有标识。

检查周期：消防技术服务机构以月为时间单位对消防设施进行定期巡检、测试。

检查方法和步骤：目测观察。

排烟窗开启、关闭、检修实景图如图 7-25 所示。

(a) 开启

(b) 关闭

(c) 检修

图 7-25　排烟窗开启、关闭、检修实景图

常见问题和解决方法：

常见问题 1：排烟窗周围存在影响排烟窗开启或关闭的阻挡物。

解决方法：清除遮挡物，如遮挡物为固定构件造成启闭受阻，则函告业主予以清除。

常见问题 2:组件不完整或损坏。
解决方法:维修损坏组件,损坏严重则需更换。
常见问题 3:未设置标识。
解决方法:增设标识。
操作注意事项:涉及高处作业时,应执行高处作业安全管理方案及做好防护措施。

(2) 现场手动

维保技术要求:电动排烟窗应启闭灵敏、可靠(采用电动排烟窗现场手动控制器,控制电动排烟窗从闭合位置运行至设计工作位置,再由设计工作位置返回至闭合位置,完成一个循环);运行至工作位置时,其开启角度应与设计一致。

检查周期:消防技术服务机构以月为时间单位对消防设施进行定期巡检、测试。

检查方法和步骤:
①观察电动排烟窗周围是否有阻挡物;
②用专用钥匙打开现场手动控制器锁止装置;
③按下启闭按钮,观察电动排烟窗运行情况;
④如电动排烟窗设有温控释放装置,应进行测试。

常见问题和解决方法:
常见问题 1:按下现场手动控制器启闭按钮后,电动排烟窗不能正常启闭。
解决方法 1:检查排除排烟窗是否存在阻挡物;
解决方法 2:检查排除电源或线路故障;
解决方法 3:检查排除现场手动控制器、驱动装置故障。
常见问题 2:运行至工作位置时,其开启角度与设计不一致。
解决方法:修正开启角度。

电动排烟窗控制器操作示意图如图 7-26 所示。

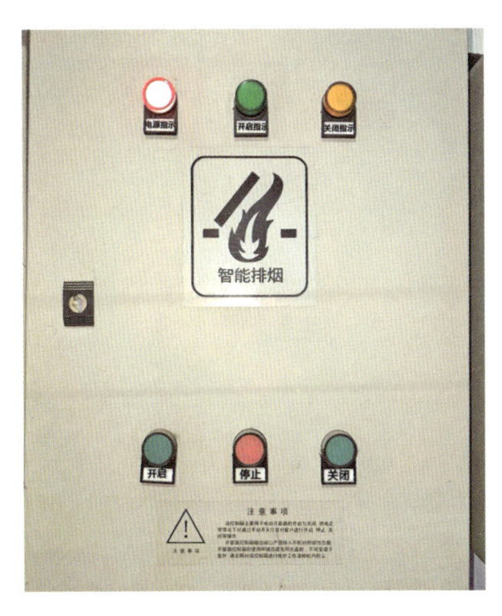

(a)

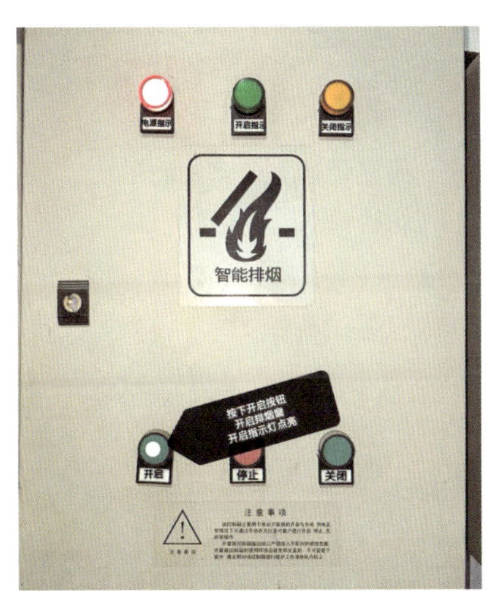

(b)

图 7-26 电动排烟窗控制器操作示意图

操作注意事项:

①在维修前,应断开电源,经测试无电后,方可进行操作,并在电源合闸处悬挂"正在维修,严禁合闸"的标志牌。

②当进行故障排除时,须警惕触电风险,操作人员应具备相应电工操作资格,作业工具保持绝缘性完好。

③涉及动火作业、高处作业时,应严格执行动火作业、高处作业安全管理方案及做好防护措施。

(3) 动作信号反馈

维保技术要求:电动排烟窗的动作信号应能准确反馈至火灾报警控制器(联动型)。

检查周期:消防技术服务机构以月为时间单位对消防设施进行定期巡检、测试。

检查方法和步骤:

①观察电动排烟窗周围是否有阻挡物;

②现场手动或远程启闭电动排烟窗;

③当电动排烟窗完全开启至工作位置后,观察火灾报警控制器(联动型)能否接收到其动作的反馈信号。

常见问题和解决方法:

常见问题:电动排烟窗完全开启至工作位置后,火灾报警控制器(联动型)未能收到其动作反馈信号。

解决方法 1:检查排除线路、模块故障;

解决方法 2:检查修正模块注册、注释地址错误。

操作注意事项:涉及高处作业时,应执行高处作业安全管理方案及做好防护措施。

(4) 手动复位

维保技术要求:电动排烟窗应能正常复位。

检查周期:消防技术服务机构以月为时间单位对消防设施进行定期巡检、测试。

检查方法和步骤:

①现场手动复位电动排烟窗;

②观察电动排烟窗复位情况。

手动复位(关闭)如图 7-27 所示。

常见问题和解决方法:

常见问题 1:不能现场复位电动排烟窗。

解决方法 1:检查排除线路故障;

解决方法 2:检查排除启闭装置故障。

常见问题 2:电动排烟窗复位不到位。

解决方法:检查排除排烟窗窗框变形、组件损坏情形。

操作注意事项:

①为保证排烟窗启闭正常,宜定期使用消防设施维修保养专用润滑喷剂对排烟窗合

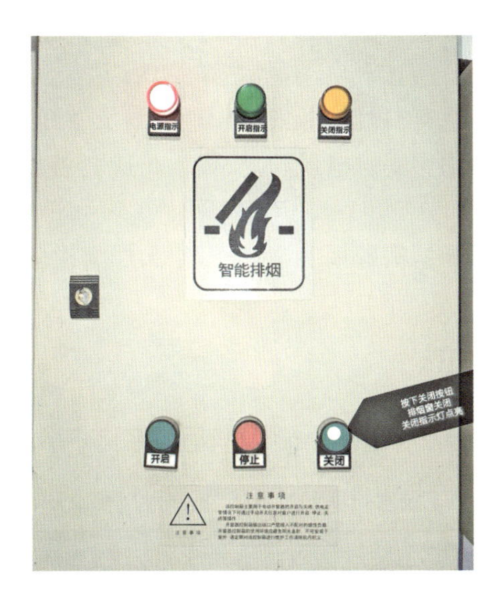

图 7-27　手动复位(关闭)

页及启闭装置进行润滑保养。

②涉及高处作业时,应执行高处作业安全管理方案及做好防护措施。

6. 系统远程手动启动

维保技术要求:在火灾报警控制器(联动型)上远程手动打开任意一个常闭式送风阀和常闭式排烟阀,对应风机应能直接启动。

检查周期:消防技术服务机构以年度为时间单位对消防设施进行周期性巡检、测试。

检查方法和步骤:

①将火灾报警控制器(联动型)置于自动状态和风机控制柜置于自动状态;

②在火灾报警控制器(联动型)上远程手动打开任意一个常闭式送风阀和常闭式排烟阀,对应风机应能直接启动,观察风机动作及反馈情况;

③现场手动复位常闭式送风阀和常闭式排烟阀;

④火灾报警控制器(联动型)复位;

⑤火灾报警控制器(联动型)恢复至自动状态。

常见问题和解决方法:

常见问题 1:火灾报警控制器(联动型)上不能远程启动常闭式送风阀和常闭式排烟阀。

常见问题 2:常闭式送风阀和常闭式排烟阀开启后,对应风机不能启动。

常见问题 3:常闭式送风阀和常闭式排烟阀开启后,火灾报警控制器(联动型)未收到反馈信息。

解决方法 1:检查排除线路、模块、设备故障;

解决方法 2:检查修正模块注册、注释地址错误。

操作注意事项:

①在维保过程中,应增强安全意识,做好防护,防止人员从送风口跌落。

②常闭式送风阀手动执行机构外壳时常处于未上锁状态，易造成人为操作，故应在外壳明显处标识“送风口”及“防止误启动警示”。

③涉及高处作业时，应执行高处作业安全管理方案及做好防护措施。

④当进行设备检修时，须警惕触电风险，操作人员应具备相应电工操作资格，作业工具保持绝缘性完好。

⑤当控制柜设置于露天时，需警惕触电风险，雨天严禁检修。

7. 系统联动控制功能

防烟系统常见联动触发信号、联动控制及联动反馈信号如表 7-5 所示。

表 7-5　防烟系统常见联动触发信号、联动控制及联动反馈信号

<table>
<tr><th>联动触发信号</th><th>联动控制</th><th>联动反馈信号</th></tr>
<tr><td>加压送风口所在防火分区内的两只独立的火灾探测器或一只火灾探测器与一只手动火灾报警按钮的报警信号</td><td>开启送风口、启动加压送风机</td><td>送风口的开启和关闭信号，防烟风机启停信号，电动防火阀关闭动作信号</td></tr>
<tr><td colspan="3">防烟系统、排烟系统的手动控制方式，应能在消防控制室内的消防联动控制器上手动控制送风口、电动挡烟垂壁、排烟口、排烟窗、排烟的开启或关闭及防烟风机、排烟风机等设备的启动或停止。防烟、排烟风机的启动、停止按钮应采用专用线路直接连接至设置在消防控制室内的消防联动控制器的手动控制盘，并应直接手动控制防烟、排烟风机的启动、停止</td></tr>
</table>

排烟系统常见联动触发信号、联动控制及联动反馈信号如表 7-6 所示。

表 7-6　排烟系统常见联动触发信号、联动控制及联动反馈信号

<table>
<tr><th>联动触发信号</th><th>联动控制</th><th>联动反馈信号</th></tr>
<tr><td>同一防烟分区内的两只独立的火灾探测器报警信号或一只火灾探测器与一只手动火灾报警按钮的报警信号</td><td>开启排烟口、排烟窗或排烟阀，停止该防烟分区的空气调节系统</td><td rowspan="2">排烟口、排烟窗或排烟阀的开启和关闭信号，排烟风机启停信号</td></tr>
<tr><td>排烟口、排烟窗或排烟阀开启的动作信号与该防烟分区内任一火灾探测器或手动报警按钮的报警信号</td><td>启动排烟风机</td></tr>
<tr><td>同一防烟分区内且位于电动挡烟垂壁附近的两只独立的感烟火灾探测器的报警信号</td><td>降落电动挡烟垂壁</td><td>—</td></tr>
<tr><td colspan="3">防烟系统、排烟系统的手动控制方式，应能在消防控制室内的消防联动控制器上手动控制送风口、电动挡烟重壁、排烟口、排烟窗、排烟阀的开启或关闭及防烟风机、排烟风机等设备的启动或停止。防烟、排烟风机的启动、停止按钮应采用专用线路直接连接至设置在消防控制室内的消防联动控制器的手动控制盘，并应直接手动控制防烟、排烟风机的启动、停止</td></tr>
</table>

维保技术要求：模拟火灾联动控制，应能打开相应的常闭式送风阀、常闭式排烟阀；启动对应的风机；关闭相应的通风、空调系统及有关控制阀。

检查周期：消防技术服务机构以年度为时间单位对消防设施进行周期性巡检、测试。

检查方法和步骤:

①将火灾报警控制器(联动型)置于自动状态和风机控制柜置于自动状态。

②使用火灾探测器试验装置使测试楼层两只独立的火灾探测器或一只火灾探测器与一只手动火灾报警按钮动作。

③常闭式送风阀:火灾报警控制器(联动型)能打开相关楼层前室的常闭式送风阀(相关楼层:着火层及其上一层和下一层)。

④常闭式排烟阀:火灾报警控制器(联动型)能打开测试楼层相关常闭式排烟阀(当火灾确认后,担负两个及以上防烟分区的排烟系统,应仅打开着火防烟分区的常闭式排烟阀,其他防烟分区的常闭式排烟阀应呈关闭状态)。

⑤风机:火灾报警控制器(联动型)能打开测试区域前室对应的加压送风机及楼梯间加压送风机;火灾报警控制器(联动型)能打开测试区域对应的排烟风机;有补风要求的机械排烟场所,补风系统同时启动。

⑥火灾报警控制器(联动型)联动关闭相应的通风、空调系统及有关控制阀。

⑦火灾报警控制器(联动型)应能收到相关动作设备的反馈信号。

⑧复位现场报警设备(火灾探测器、手动火灾报警按钮)。

⑨复位火灾报警控制器(联动型)。

⑩现场手动复位常闭式送风阀、常闭式排烟阀、控制阀。

⑪复位火灾报警控制器(联动型),使其恢复至自动状态。

常见问题和解决方法:

常见问题:常闭式送风阀、常闭式排烟阀、风机、控制阀不能按预设逻辑予以动作、反馈。

解决方法1:检查排除常闭式送风阀或常闭式排烟阀未完全开启情形;

解决方法2:检查排除线路、模块、设备故障;

解决方法3:控制方式错误(例如风机控制柜处于手动状态);

解决方法4:检查修正模块注册、注释地址错误。

操作注意事项:

①在维保过程中,应增强安全意识,做好防护,防止人员从送风口跌落。

②常闭式送风阀手动执行机构外壳时常处于未上锁状态,易造成人为操作,故应在外壳明显处标识"送风口"及"防止误启动警示"。

③涉及高处作业时,应执行高处作业安全管理方案及做好防护措施。

④对现场设备进行故障检查前,应先断开电源。

⑤当进行设备检修时,须警惕触电风险,操作人员应具备相应电工操作资格,作业工具保持绝缘性完好。

⑥当控制柜设置于露天时,需警惕触电风险,雨天严禁检修。

八 气体灭火系统（七氟丙烷、IG541、高压二氧化碳）

气体灭火系统的定义和作用

气体灭火系统是指灭火剂平时以气态、液态存贮于容器中，灭火时以气体状态喷射作为灭火介质的灭火系统。灭火时气体在整个防护区内或保护对象周围的局部区域建立起灭火浓度实现灭火。由于其独有的性能特点，主要用在不适于以水为介质的灭火环境中，如计算机机房、电器设备或配电房、图书馆或档案馆、通信基站（房）等。

气体灭火系统的组成

气体灭火系统主要由气体灭火控制器、驱动瓶、贮气瓶、管网、选择阀、集流管、喷嘴等组成。

气体灭火系统维护保养的意义

对气体灭火系统必须定期检查气瓶压力表、称重装置、操作装置、控制器等工作状态，管道、喷嘴等是否畅通、完好，灭火剂是否在有效期内，确保气体灭火系统有效运行。

气体灭火控制系统教学图如图 8-1 所示。

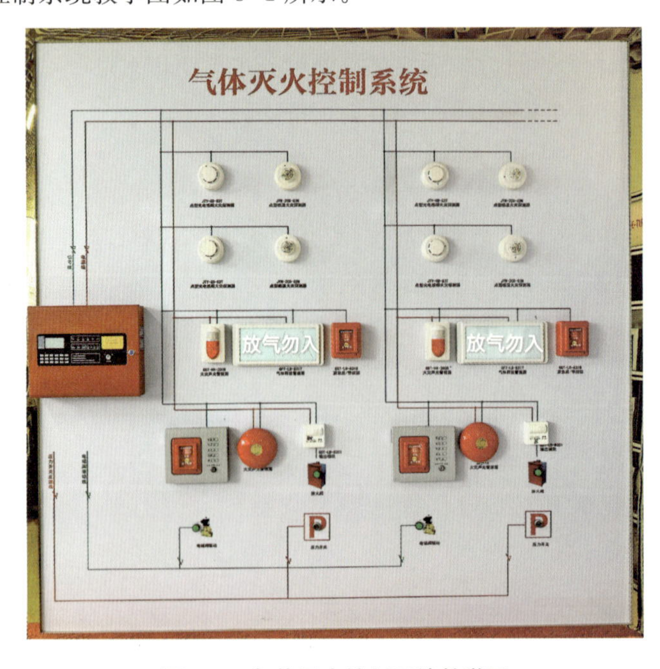

图 8-1　气体灭火控制系统教学图

气体灭火系统适用范围如表 8-1 所示。

表 8-1　气体灭火系统适用范围

灭火系统类别	适用范围	不适用范围
二氧化碳灭火系统	电气火灾、液体火灾或石蜡、沥青等可熔化的固体火灾,固体表面火灾及棉毛、织物、纸张等部分固体深位火灾,可切断气源的气体火灾	硝化纤维、火药等含氧化剂的化学制品火灾;钾、钠、镁等活泼金属火灾;氢化钾、氢化钠等金属氢化物火灾
其他气体灭火系统(七氟丙烷、IG541)	电气火灾、液体火灾、固体表面火灾、可切断气源的气体火灾	硝化纤维等含氧化剂的化学制品火灾;钾、镁、钠等活泼金属火灾;氢化钾、氢化钠等金属氢化物火灾;过氧化氢、联胺等能自行分解的化学物质火灾;可燃固体物质的深位火灾

1. 储存容器外观

维保技术要求:储存容器外观应无碰撞变形、缺陷,表面无灰尘、污垢。

检查周期:消防技术服务机构以季度为时间单位对消防设施进行阶段性巡检、测试。

检查方法和步骤:目测观察。

储存容器实景图如图 8-2 所示。

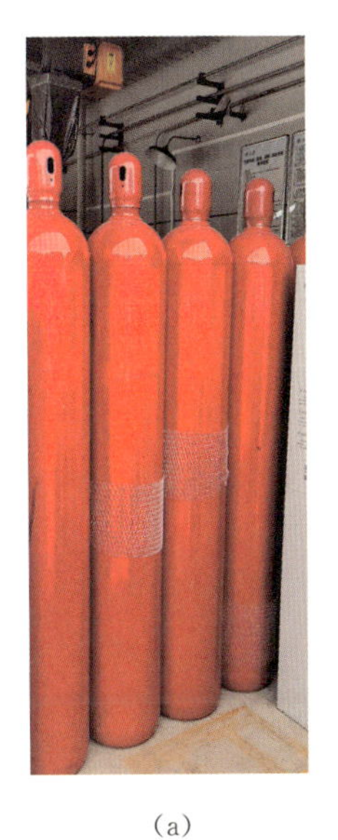

(a)

(b)

(c)

图 8-2　储存容器实景图

常见问题和解决方法:

常见问题 1:储存容器外观存在碰撞变形、机械性损伤、锈蚀。

解决方法 1:进行补漆作业;

解决方法 2:更换储存容器。

常见问题 2:储存容器表面存在灰尘、污垢。

解决方法:清理灰尘、污垢。

操作注意事项:对储存容器进行检查应做好防止误操作的防护措施。

2. 储存容器铭牌标识

维保技术要求:储存容器铭牌上应有编号、灭火剂名称、充装量、充装日期、充装压力及出厂日期标识并应符合设计要求。

检查周期:消防技术服务机构以季度为时间单位对消防设施进行阶段性巡检、测试。

检查方法和步骤:目测观察。

储存容器铭牌实景图如图 8-3 所示。

图 8-3 储存容器铭牌实景图

常见问题和解决方法:

常见问题:铭牌脱落或铭牌标识不清。

解决方法 1:将脱落铭牌重新安装在原有位置;

解决方法 2:函告业主提供该设备档案备查。

操作注意事项:应做好防止误动作的防护措施。

3. 安装质量

维保技术要求:储存容器的固定支、框架应安装牢固、无晃动,并应做防腐处理。

检查周期:消防技术服务机构以季度为时间单位对消防设施进行阶段性巡检、测试。

检查方法和步骤:

①目测观察支、框架是否存在油漆脱落、锈蚀现象;

②用工具紧固螺栓,确保支、框架安装牢固、无晃动。

气体灭火系统安装实景图如图 8-4 所示。

图 8-4 气体灭火系统安装实景图

常见问题和解决方法:

常见问题 1:支、框架油漆脱落、锈蚀。

解决方法:使用消防设施维修保养专用除锈喷剂进行除锈,并进行补漆。

常见问题 2:支、框架安装不牢固、存在晃动。

解决方法:紧固支、框架。

操作注意事项:

①应做好防止误动作的防护措施。

②涉及动火作业时,应严格执行动火作业安全管理方案及做好防护措施。

4. 压力表外观

维保技术要求:储气瓶压力表外观应无机械损伤、表面无污垢;储存容器压力表安装方向应便于人员观察。

检查周期:消防技术服务机构以季度为时间单位对消防设施进行阶段性巡检、测试。

检查方法和步骤:目测观察。

压力表实景图如图 8-5 所示。

图 8-5 压力表实景图

常见问题和解决方法:

常见问题 1:储存容器压力表安装方向不便于观察。

解决方法:此问题涉及设备安装和设备特殊性,需函告业主由原施工单位进行整改。

常见问题 2:压力表损坏。

解决方法:按原设备型号更换压力表。

操作注意事项:

①应选用送检合格的压力表进行更换。

②应做好防止误动作的防护措施。

③如压力表为强制检定,应按相关检定周期进行送检。

5. 储存容器充装量

维保技术要求:储存容器充装量、充装压力应符合规范要求。

检查周期:消防技术服务机构以季度为时间单位对消防设施进行阶段性巡检、测试。

检查方法和步骤:目测观察压力表或液位测量装置(低压二氧化碳);手动检查称重装置(高压二氧化碳)测量值并与原始重量进行比较。

高压二氧化碳称重装置如图 8-6 所示。

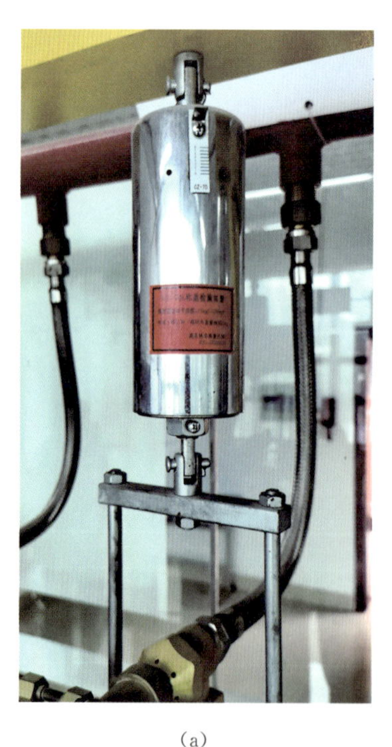

(a)

(b)

图 8-6　高压二氧化碳称重装置

常见问题和解决方法:

常见问题 1:充装量、充装压力不满足规范要求。

解决方法:此问题涉及设备特殊性,需函告业主对储气钢瓶进行检测,重新充装。

常见问题 2：当灭火剂的损失量达到设定值时报警装置未发出报警信号。

解决方法：检查排除线路、报警装置故障。

常见问题 3：压力表显示压力值低。

解决方法：用工具松开压力表背面放气阀 1/4 圈，观察压力值，拧紧放气阀，如此时压力值仍低于正常压力值，此问题涉及设备特殊性，需函告业主对储气钢瓶进行检测，重新充装。

操作注意事项：

①进行钢瓶检测或灭火剂充装前，应有确保安全的措施（储存装置 72 h 内不能重新充装恢复工作的，应按系统原储存量的 100%设置备用量；在二氧化碳灭火系统设计中，当组合分配系统保护 5 个及以上的防护区或保护对象时，或者在 48 h 内不能恢复时，二氧化碳应有备用量，备用量不应小于系统设计的储存量）。

②灭火剂瓶更换时型号、规格应相同，连接与控制方式应一致。

③压力表显示压力值低不应直接判定储存量不足，可用工具松开压力表背面放气阀 1/4 圈，拧紧放气阀，观察压力值后再进行判定。

④应做好防止误动作的防护措施。

6. 单向阀外观

维保技术要求：单向阀外观应无机械损伤、表面无污垢，安装方向、单向阀型号应正确（七氟丙烷、高压二氧化碳灭火系统在容器阀和集流管之间的管道上应设液体单向阀，方向与灭火剂输送方向一致）。

检查周期：消防技术服务机构以季度为时间单位对消防设施进行阶段性巡检、测试。

检查方法和步骤：目测观察单向阀外观，查对单向阀安装方向、型号是否与设计一致。

单向阀实景图如图 8-7 所示。

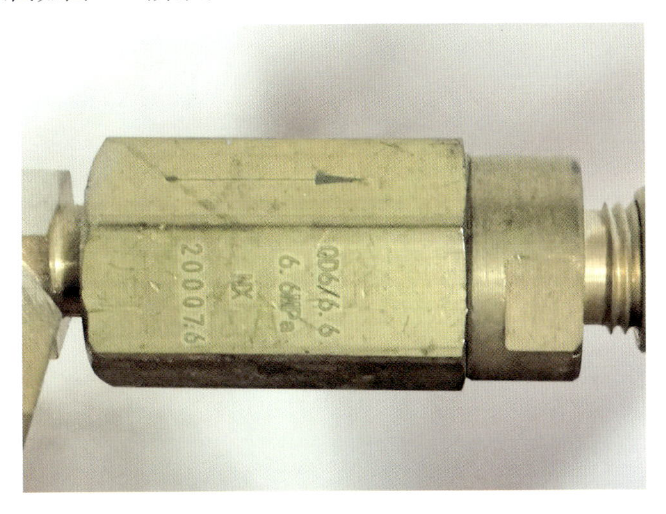

图 8-7　单向阀实景图

常见问题和解决方法：

常见问题 1：表面存在灰尘、污垢。

解决方法：清理灰尘、污垢。

常见问题 2：单向阀安装方向与灭火剂输送方向不一致。

常见问题 3：单向阀型号错误或损坏以及安装方向与设计不一致。

解决方法：更换正确型号单向阀，调整单向阀方向。

操作注意事项：

①涉及单向阀安装，考虑设备特殊性，需函告业主由生产厂家或原施工单位进行更换或维修。

②应做好防止误动作的防护措施。

7. 高压软管外观

维保技术要求：储存容器的灭火剂出口与集流管之间的高压软管应无损伤、表面无污垢、连接应稳固。

检查周期：消防技术服务机构以季度为时间单位对消防设施进行阶段性巡检、测试。

检查方法和步骤：目测观察，用工具检查高压软管两端接头紧固性。

高压软管实景图如图 8-8 所示。

图 8-8　高压软管实景图

常见问题和解决方法：

常见问题 1：表面存在灰尘、污垢。

解决方法：清理灰尘、污垢。

常见问题 2：高压软管存在损伤。

解决方法：更换高压软管。

常见问题 3:高压软管两端接头松动。

解决方法:用工具紧固。

操作注意事项:

①更换高压软管前,应确保更换的高压软管与原高压软管规格、型号一致。

②清洁时应做好防止误动作的防护措施。

8. 选择阀外观及标识

维保技术要求:选择阀应无碰撞变形及其他机械性损伤;选择阀应标明防护区名称或编号的永久性标志牌;选择阀的安装高度应便于手动操作,操作点距人员站立面的高度不宜超过 1.7 m;选择阀的手柄应设置在操作面一侧。

检查周期:消防技术服务机构以季度为时间单位对消防设施进行阶段性巡检、测试。

检查方法和步骤:

①目测观察选择阀外观是否存在机械性损伤;

②目测观察选择阀外观是否标明防护区名称或编号的永久性标志牌,标志牌是否固定在操作手柄附近便于观察的地方;

③目测观察选择阀是否安装在操作面一侧,用钢卷尺测量选择阀的安装高度。

选择阀实景图如图 8-9 所示。

图 8-9　选择阀实景图

常见问题和解决方法:

常见问题 1:选择阀外观存在机械性损伤。

解决方法:更换选择阀。

常见问题 2:未设置标志牌或标示内容不完整、不正确。

解决方法:正确完善标志牌内容。

常见问题 3:选择阀安装高度大于 1.7 m。

解决方法:重新安装选择阀高度或设置便于操作的操作凳。

操作注意事项:

①因选择阀安装要求气密性极高,考虑设备特殊性,需函告业主由生产厂家或原施工单位进行更换或维修。

②应做好防止误动作的防护措施。

③更换选择阀标志牌时应与防护区一一对应。

9. 启动气体钢瓶外观

维保技术要求:启动气体钢瓶外观应无变形、无损伤、无油漆脱落;电磁阀组安装牢固,上端安全插销铅封完整,下端插销应拔出。

检查周期:消防技术服务机构以季度为时间单位对消防设施进行阶段性巡检、测试。

检查方法和步骤:

①目测观察启动气体钢瓶外观;

②检查电磁阀安装牢固情况;

③目测观察电磁阀上端、下端安全插销情况。

启动气体钢瓶实景图如图 8-10 所示。

图 8-10　启动气体钢瓶实景图

常见问题和解决方法:

常见问题 1:启动气体钢瓶外观存在变形、损伤。

解决方法:更换启动气体钢瓶。

常见问题 2:电磁阀安装不牢固。

解决方法:紧固电磁阀固定件。

常见问题 3:电磁阀上端安全插销、铅封损坏或丢失。

解决方法:此问题涉及设备特殊性,需函告业主对启动气体钢瓶进行检测,重新充装后铅封。

常见问题 4:电磁阀下端安全插销未拔出。

解决方法:拔出电磁阀下端安全插销。

常见问题 5:外观油漆脱落。

解决方法:进行补漆作业。

操作注意事项:

①涉及启动气体钢瓶铅封损坏、丢失情况,因设备特殊性,需函告业主对启动气体钢瓶进行检测,重新充装后铅封。

②应做好防止误动作的防护措施。

10. 启动气体钢瓶名称、铭牌及编号

维保技术要求:启动气体钢瓶应标定驱动介质、铭牌完整;它与选择阀对应的防护区标识一致。

检查周期:消防技术服务机构以季度为时间单位对消防设施进行阶段性巡检、测试。

检查方法和步骤:目测观察。

启动气体钢瓶实景图如图 8-11 所示。

图 8-11　启动气体钢瓶实景图

常见问题和解决方法：

常见问题1：未标定启动气体钢瓶驱动介质、铭牌不完整。

解决方法：函告业主提供该设备档案备查。

常见问题2：启动气体钢瓶标识内容与所对应的选择阀不一致。

解决方法：核对设计资料，启动气体钢瓶的标识应与选择阀、防护区一致。

操作注意事项：

①启动气体钢瓶标识内容应与所对应的选择阀一一对应。

②应做好防止误动作的防护措施。

11. 压力表读数

维保技术要求：启动气体钢瓶压力表读数应在正常范围内。

检查周期：消防技术服务机构以季度为时间单位对消防设施进行阶段性巡检、测试。

检查方法和步骤：查对设计参数，观察压力表读数。

常见问题和解决方法：

常见问题：压力表数值低于设计要求。

解决方法：用工具松开压力表背面放气阀1/4圈，观察压力值，拧紧放气阀，如此时压力值仍低于正常压力值，应函告业主对启动气体钢瓶进行检测，重新充装后铅封。

操作注意事项：

①当无备用量需要外充装时，应有确保安全的措施。

②压力表显示压力值低不应直接判定储存量不足，应用工具松开压力表后放气阀1/4圈，拧紧放气阀，观察压力值后再进行判定。

检查实景图如图8-12、图8-13所示。

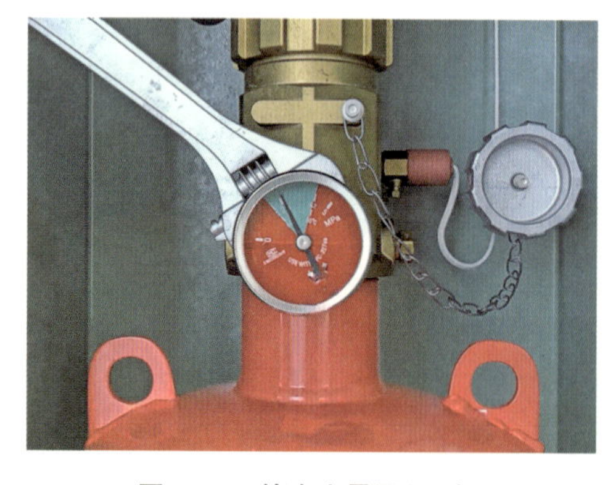

图8-12 检查实景图(开启)

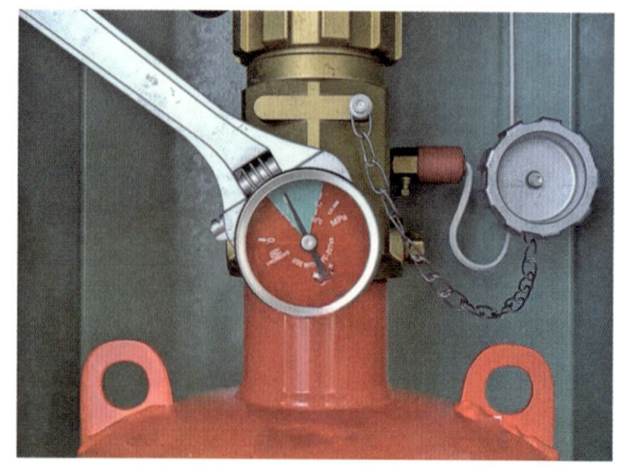

图8-13 检查实景图(复位)

12. 集流管外观

维保技术要求：集流管外观应无机械损伤、表面无污垢、油漆无脱落；集流管安装应牢固，安全阀完好。

检查周期:消防技术服务机构以季度为时间单位对消防设施进行阶段性巡检、测试。
检查方法和步骤:
①目测观察集流管外观;
②检查集流管安装是否牢固。
集流管实景图如图 8-14 所示。

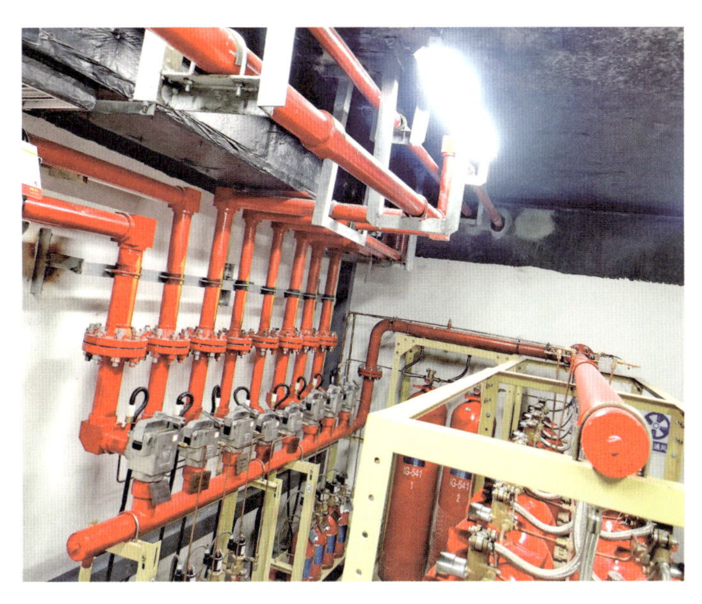

图 8-14 集流管实景图

常见问题和解决方法:
常见问题 1:外观存在灰尘、污垢。
解决方法:清理灰尘、污垢。
常见问题 2:存在油漆脱落情况。
解决方法:进行补漆作业。
常见问题 3:集流管松动。
解决方法:紧固集流管固定螺栓。
常见问题 4:未安装安全阀。
解决方法:重新安装安全阀。
操作注意事项:
①涉及安全阀安装,考虑设备特殊性,需函告业主由原施工单位进行补装。
②应做好防止误动作的防护措施。

13. 喷嘴外观

维保技术要求:无明显机械损伤,无堵塞。
检查周期:消防技术服务机构以季度为时间单位对消防设施进行阶段性巡检、测试。
检查方法和步骤:目测观察喷嘴外观。

喷嘴实景图如图 8-15 所示。

图 8-15　喷嘴实景图

常见问题和解决方法：

常见问题：喷嘴外观存在机械损伤。

解决方法：更换喷嘴。

操作注意事项：

①更换喷嘴前应确保与原设备喷嘴规格、型号一致。

②应做好防止误动作的防护措施。

14. 防护区标识

维保技术要求：在每个防护区入口处应设灭火系统防护区标识。

检查周期：消防技术服务机构以季度为时间单位对消防设施进行阶段性巡检、测试。

检查方法和步骤：目测观察。

防护区标识实景图如图 8-16 所示。

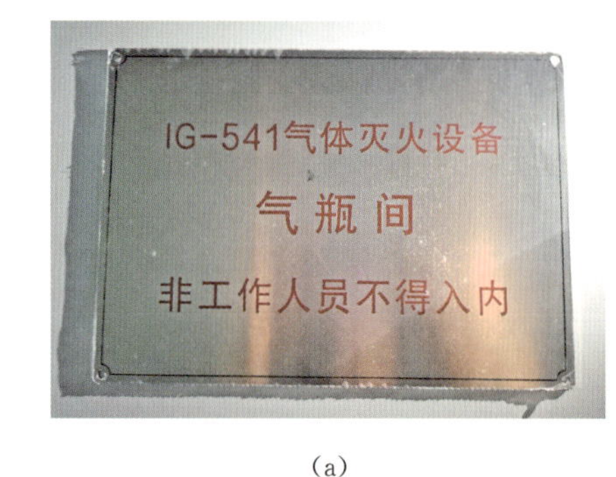

(a)

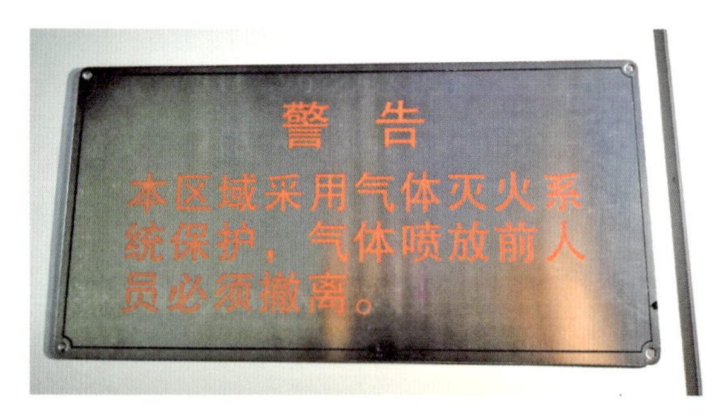

(b)

图 8-16　防护区标识实景图

常见问题和解决方法：

常见问题：入口处未设置防护区标识或标识损坏。

解决方法:增设或更换防护区标识。

15. 维护结构

维保技术要求:防护区的防火门、防火阀应保证完好。

检查周期:消防技术服务机构以季度为时间单位对消防设施进行阶段性巡检、测试。

检查方法和步骤:目测观察并参照防火门、防火阀技术要求进行检查。

常见问题和解决方法:

常见问题1:根据场所设计要求,防火门等级不满足要求。

解决方法:更换防火门。

常见问题2:防火阀损坏。

解决方法:更换防火阀。

常见问题3:防护区内存在泄压口之外的洞口。

解决方法:因防护区对维护结构密闭性要求较高,不宜擅自处理,需函告业主联系设计单位予以处理。

操作注意事项:

防护区防火门设置的技术要求如下:

①《气体灭火系统设计规范》GB 50370—2005 第3.2.5款:防护区围护结构及门窗的耐火极限均不宜低于0.5 h;吊顶的耐火极限不宜低于0.25 h。

②《民用建筑电气设计标准》GB 51348—2019 第4.10.3款:民用建筑内的变电所对外开的门应为防火门,并应符合下列规定:

变电所位于高层主体建筑或裙房内时,通向其他相邻房间的门应为甲级防火门,通向过道的门应为乙级防火门;变电所位于多层建筑物的二层或更高层时,通向其他相邻房间的门应为甲级防火门,通向过道的门应为乙级防火门;变电所位于多层建筑物的首层时,通向相邻房间或过道的门应为乙级防火门;变电所位于地下层或下面有地下层时,通向相邻房间或过道的门应为甲级防火门;变电所通向汽车库的门应为甲级防火门;当变电所设置在建筑首层,且向室外开门的上层有窗或非实体墙时,变电所直接通向室外的门应为丙级防火门。

16. 紧急启停按钮外观及安装质量

维保技术要求:紧急启停按钮表面应干净、无污垢,安装牢固。

检查周期:消防技术服务机构以年度为时间单位对消防设施进行周期性巡检、测试。

检查方法和步骤:

①目测观察紧急启停按钮外观;

②检查紧急启停按钮是否安装牢固。

常见问题和解决方法:

常见问题1:表面存在灰尘、污垢。

解决方法:清理灰尘、污垢。
常见问题 2:紧急启停按钮安装不牢固。
解决方法:进行加固处理。
紧急启停按钮实景图如图 8-17 所示。

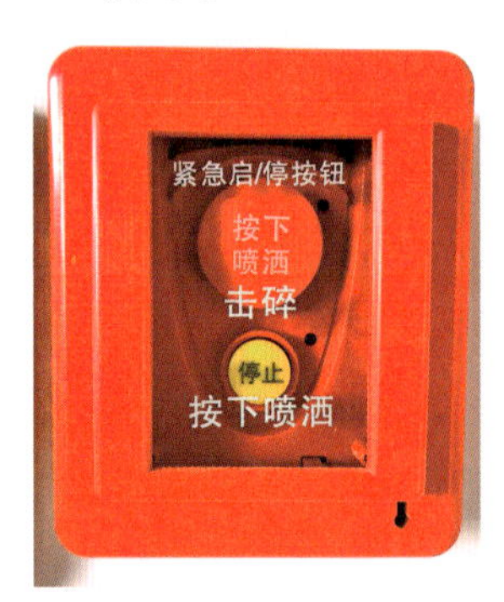

图 8-17　紧急启停按钮实景图

操作注意事项:
①应在紧急启停按钮上标注防误触发警示。
②安装前应做好防止误动作的防护措施。

17. 声光警报器外观及安装质量

维保技术要求:声光警报器表面应干净、无污垢,安装牢固。
检查周期:消防技术服务机构以季度为时间单位对消防设施进行阶段性巡检、测试。
检查方法和步骤:
①目测观察声光警报器外观;
②检查声光警报器是否安装牢固。
声光警报器实景图如图 8-18 所示。

图 8-18　声光警报器实景图

常见问题和解决方法:
常见问题 1:表面存在灰尘、污垢。

解决方法:清理灰尘、污垢。
常见问题 2:安装不牢固。
解决方法:进行加固处理。
操作注意事项:涉及高处作业时,应执行高处作业安全管理方案及做好防护措施。

18. 气体喷放指示灯外观及安装质量

维保技术要求:气体喷放指示灯表面应干净、无污垢,安装牢固。
检查周期:消防技术服务机构以季度为时间单位对消防设施进行阶段性巡检、测试。
检查方法和步骤:
①目测观察气体喷放指示灯外观;
②检查气体喷放指示灯是否安装牢固。
气体喷放指示灯实景图如图 8-19 所示。

图 8-19　气体喷放指示灯实景图

常见问题和解决方法:
常见问题 1:表面存在灰尘、污垢。
解决方法:清理灰尘、污垢。
常见问题 2:安装不牢固。
解决方法:进行加固处理。
操作注意事项:涉及高处作业时,应执行高处作业安全管理方案及做好防护措施。

19. 感烟探测器动作后系统设备动作情况

气体灭火系统常见联动触发信号、联动控制及联动反馈信号(感烟探测器)情况如表 8-2 所示。

表 8-2　感烟探测器动作后气体灭火系统常见联动触发信号、联动控制及联动反馈信号

联动触发信号	联动控制	联动反馈信号
任一防护区域内设置的感烟火灾探测器、其他类型火灾探测器或手动火灾报警按钮的首次报警信号	启动设置在该防护区内的火灾声光警报器	气体灭火控制器直接连接的火灾探测器的报警信号

维保技术要求:模拟火警使防护区内任意一个感烟探测器动作,防护区内的声光警报器应能动作。

检查周期:消防技术服务机构以年度为时间单位对消防设施进行周期性巡检、测试。

检查方法和步骤:

①关闭气体灭火控制器电源;

②将电磁驱动装置与启动气体储存容器脱离;

③打开气体灭火控制器电源;

④将气体灭火控制器置于自动状态;

⑤使用火灾探测器试验装置使防护区内任一感烟探测器动作;

⑥防护区内的火灾声光警报器应动作;火灾报警控制器应能显示感烟探测器的火警信号和火灾声光警报器的动作信号。

常见问题和解决方法:

常见问题1:感烟探测器、声光警报器不动作或动作后火灾报警控制器未收到相应信号。

解决方法1:检查排除线路、设备故障;

解决方法2:更换感烟探测器、声光警报器。

常见问题2:联动逻辑错误。

解决方法:重新修正联动逻辑。

操作注意事项:

①进行电磁驱动装置与启动气体储存容器脱离前,应首先关闭气体灭火控制器,防止误触发。

②根据《火灾自动报警系统设计规范》GB 50116—2013 第 4.4.2 款:首个联动触发信号为防护区域内任一设置的感烟火灾探测器、其他类型火灾探测器或手动火灾报警按钮的报警信号。本节标题为感烟探测器实际为这三种信号的统称。

20. 感温探测器动作后系统设备动作情况

气体灭水系统常见联动触发信号、联动控制及联动反馈信号(感温探测器)如表8-3所示。

表8-3 感温探测器动作后气体灭火系统常见联动触发信号、联动控制及联动反馈信号

联动触发信号	联动控制	联动反馈信号
同一防护区域内与首次报警的火灾探测器或手动火灾报警按钮相邻的感温火灾探测器、火焰探测器或手动火灾报警按钮的报警信号	关闭防护区域的送风机、排风机及送排风阀门,停止通风和空气调节系统,关闭该防护区域的电动防火阀,启动防护区域开口封闭装置,包括关闭门、窗,启动气体灭火装置,启动入口处表示气体喷洒的火灾声光警报器	选择阀的动作信号,压力开关的动作信号

维保技术要求:模拟火警使该防护区内任一感温探测器动作,气体灭火控制器进入倒计时,同时防护区内送(排)风机及送(排)风阀门应关闭;通风和空气调节系统应停止,

电动防火阀应关闭;门、窗、洞口应关闭;气体灭火控制器经过不大于 30 s 的延迟时间,电磁驱动装置动作,防护区外的声光警报器动作,火灾报警控制器接收并显示以上设备动作信号;手动使压力讯号器动作,防护区外的"放气勿入"指示灯点亮。

检查周期:消防技术服务机构以年度为时间单位对消防设施进行周期性巡检、测试。

检查方法和步骤:

①承接"感烟探测器动作后系统设备"的 6 个步骤。

②使用火灾探测器试验装置使防护区内任一感温探测器动作。

③防护区内送(排)风机及送(排)风阀门应关闭;通风和空气调节系统应停止,电动防火阀应关闭;门、窗、洞口应关闭;气体灭火控制器经过不大于 30 s 的延迟时间,电磁驱动装置应动作,防护区外的声光警报器应动作,火灾报警控制器接收并显示以上设备动作信号。

④手动使压力讯号器动作,防护区外的"放气勿入"指示灯应点亮。

⑤报警设备复位。

⑥气体灭火控制器复位。

⑦其他现场设备复位。

⑧气体灭火控制器置于自动状态。

常见问题和解决方法:

常见问题 1:感温探测器动作后,现场设备未动作;设备动作后火灾报警控制器未收到现场设备动作的反馈信号。

解决方法 1:检查排除现场设备故障;

解决方法 2:检查排除线路、模块故障;

解决方法 3:检查修正控制逻辑错误。

常见问题 2:延迟时间大于 30 s。

解决方法:重新设置延迟时间。

操作注意事项:

①电磁驱动装置复位前,应使用万用表测量电磁驱动装置处是否还有启动电压,如还有启动电压,则需要排除故障后再进行复位。

②测试完毕后,应将系统恢复至准工作状态。

21. 手动紧急启动及紧急停止

维保技术要求:将电磁驱动装置与启动气体储存容器脱离,用一个与电磁驱动装置启动电压、电流相同的负载代替驱动装置(如 24 V 小灯泡、万用表等),手动按下紧急启动按钮,延迟结束后,负载应动作;延迟结束前,按下紧急停止按钮,应当停止延迟。

检查周期:消防技术服务机构以年度为时间单位对消防设施进行周期性巡检、测试。

检查方法和步骤:

①关闭气体灭火控制器电源。

②将电磁驱动装置与启动气体储存容器脱离,用一个与电磁驱动装置启动电压、电

流相同的负载代替驱动装置(如 24 V 小灯泡、万用表等)。

③打开气体灭火控制器电源。

④将气体灭火控制器置于手动状态。

⑤手动按下紧急启动按钮。

⑥防护区内送(排)风机及送(排)风阀门应关闭;通风和空气调节系统应停止,电动防火阀应关闭;门、窗、洞口应关闭;气体灭火控制器经过不大于 30 s 的延迟时间,负载应动作,防护区外的声光警报器应动作,火灾报警控制器接收并显示以上设备动作信号。

⑦手动使压力讯号器动作,防护区外的“放气勿入”指示灯应点亮。

⑧复位启动按钮。

⑨气体灭火控制器复位。

⑩其他现场设备复位。

⑪重复第①②③④⑤步骤操作。

⑫防护区内送(排)风机及送(排)风阀门应关闭;通风和空气调节系统应停止,电动防火阀应关闭;门、窗、洞口应关闭;气体灭火控制器进入延迟倒计时,在延迟结束前,按下紧急停止按钮。

⑬复位紧急启动按钮。

⑭气体灭火控制器复位。

⑮其他现场设备复位。

⑯气体灭火控制器置于自动状态。

常见问题和解决方法:

常见问题 1:气体灭火控制器延迟结束后,所接的负载未动作。

常见问题 2:在延迟时间内未关闭送(排)风机及送(排)风阀门;未停止通风和空气调节系统,未关闭电动防火阀;未启动开口封闭装置;火灾报警控制器未收到相关动作信号。

常见问题 3:延迟结束前按下紧急停止按钮,无法停止倒计时。

解决方法 1:检查排除线路、模块故障;

解决方法 2:检查修正联动控制逻辑;

解决方法 3:检查排除气体灭火控制器故障。

操作注意事项:

①电磁驱动装置复位前,应使用万用表测量电磁驱动装置处是否还有启动电压,如还有启动电压,则需要排除故障后再进行复位。

②应确保测试区域与按下的手动启停按钮应为同一区域。

③测试完毕后,应将系统恢复至准工作状态。

22. 气体气瓶及相关检测

(1) 规范、定期检验周期

本节所引用的规范、定期检验周期详见附录 11。

(2) 检测流程图

气体气瓶检测流程图如图 8-20 所示。

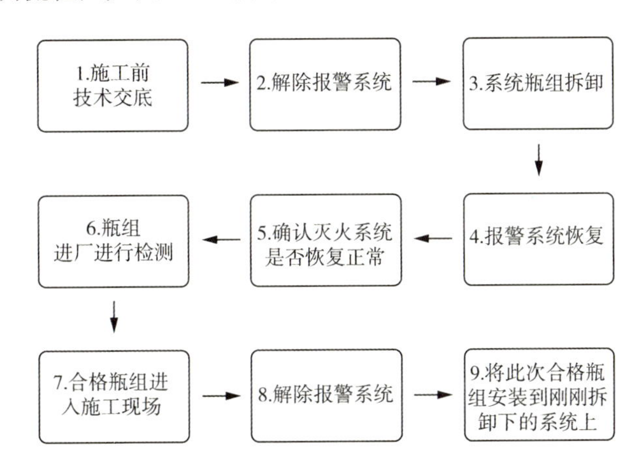

图 8-20 气体气瓶检测流程图

(3) 气体灭火药剂有效周期说明

气体灭火药剂,因化学成分不同,存放有效期也有所不同,但是因为药剂是储存在气瓶内的,所以药剂的实际有效期也和使用单位的重视情况、钢瓶的实际使用情况息息相关。具体情况如表 8-4 所示。

表 8-4 气体灭火药剂的具体情况

序号	气体灭火药剂种类	理论有效期	影响有效期的几方面因素	处理方法
1	七氟丙烷	长期	气瓶出现腐蚀、气瓶无钢印或者钢印信息标识不全、气瓶已经欠压、气瓶已超过检测周期	分析药剂纯度,重新灌装
2	二氧化碳	长期		重新灌装
3	混合气体	长期		重新灌装
4	干粉	5～6 年	气瓶出现腐蚀、气瓶无钢印或者钢印信息标识不全、气瓶已经欠压、气瓶已超过检测周期、出厂时间已超过干粉药剂的有效期	重新灌装

操作注意事项:气瓶检测,必须由具有主管部门颁发的特种设备检验检测机构核准证资质的单位进行,且核准证在有效期内。

九　防火分隔设施(防火门、防火窗、防火卷帘)

防火分隔设施的定义和作用

防火分隔构建可分为固定式和可开启关闭式两种。防火门、防火窗、防火卷帘作为常见的可开启关闭式防火分隔设施,火灾发生时能在规定的时间内关闭形成防火分隔,有效阻止火势,更能有效阻止浓烟的蔓延。

防火分隔设施维护保养的意义

防火门、防火窗、防火卷帘是重要的防火分隔设施,定期有效地对设施进行维护保养,能够确保设施在火灾发生时起到应有的作用,确保在一定时间内阻挡火势向另一区间蔓延,能有效控制火灾,为人员安全疏散和灭火救援提供重要的条件和安全的通道,从而赢得宝贵的时间,最大限度上降低人员的生命和财产损失。

1. 防火门

防火门系统常见联动触发信号、联动控制及联动反馈信号如表 9-1 所示。

表 9-1　防火门系统常见联动触发信号、联动控制及联动反馈信号

联动触发信号	联动控制	联动反馈信号
防火门所在防火分区内的两只独立的火灾探测器或一只火灾探测器与一只手动火灾报警按钮的报警信号	关闭常开防火门	疏散通道上各防火门的开启,关闭常开防火门

(1) 外观检查

维保技术要求:防火门的门框、门扇及各组件完整表面应平整、无变形、无孔洞,并应无明显破损。

检查周期:消防技术服务机构以年度为时间单位对消防设施进行周期性巡检、测试。

检查方法和步骤:目测观察,手动推拉防火门门扇,查看门体完整性和组件牢固程度及功能是否正常。

常见问题和解决方法:

常见问题 1:防火门门框、门扇腐烂、破损,存在孔洞。

解决方法:函告业主更换防火门。

常见问题 2:防火门组件损坏或缺失。

解决方法:增设或更换损坏组件。

常见问题 3:钢制防火门门框内未充填水泥砂浆。

解决方法:充填不燃材料。

常见问题 4:防火门安装的防火玻璃破损。

解决方法:按原尺寸更换防火玻璃。

常见问题 5:防火门与墙体间存在缝隙、孔洞。

解决方法:使用不燃烧体对存在的缝隙、孔洞进行封堵。

防火门外观检查实景图如图 9-1 所示。

图 9-1　防火门外观检查实景图

(2) 标识设置

维保技术要求:明显部位设有产品生产信息和等级信息的永久性标牌,内容清晰,设置牢固;常闭防火门在门扇的明显位置设置"保持防火门关闭"等提示标志。

检查周期:消防技术服务机构以年度为时间单位对消防设施进行周期性巡检、测试。

检查方法和步骤:目测观察。

防火门永久性标牌、标志实景图如图 9-2 所示。

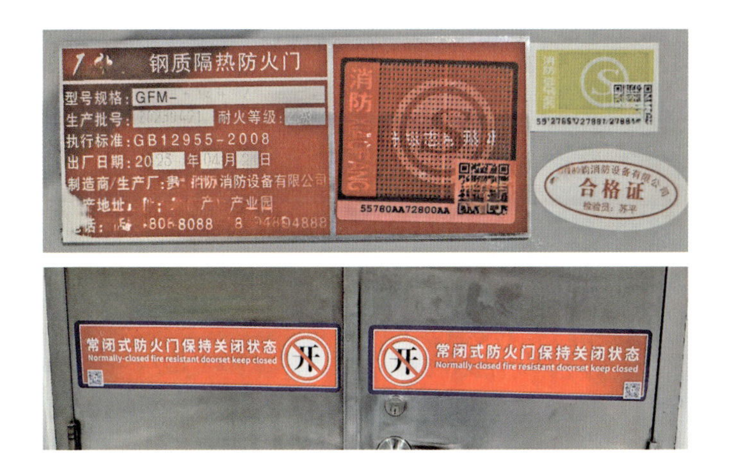

图 9-2　防火门永久性标牌、标志实景图

常见问题和解决方法：

常见问题1:永久性标牌固定不牢固。

解决方法:重新固定。

常见问题2:永久性标牌模糊不清或缺失。

解决方法:函告业主提供该设备档案备查。

常见问题3:常闭防火门未在明显位置设置“保持防火门关闭”标志。

解决方法:在常闭防火门疏散方向的门扇上使用专用标准化标识贴进行粘贴。

操作注意事项：

①防火门如需进行装修装饰,应函告业主通知施工单位对永久性标牌和消防身份标识进行妥善保存,施工后应对永久性标牌和消防身份标识进行恢复。

②永久性标牌模糊不清或缺失时,联系原厂家进行提供,如原厂家不能提供补充资料的,由业主提供该设备档案备查。

(3) 开启检查

维保技术要求:用于疏散的防火门应向疏散方向开启,在关闭后应能从任何一侧手动开启[除《建筑设计防火规范》GB 50016—2014(2018年版)规范第6.4.11条第4款外(人员密集场所内平时需要控制人员随意出入的疏散门和设置门禁系统的住宅、宿舍、公寓建筑的外门,应保证火灾时不需使用钥匙等任何工具即能从内部易于打开)];防火门门扇开启力不得大于80 N。

检查周期:消防技术服务机构以年度为时间单位对消防设施按分区进行周期性巡检、测试。

检查方法和步骤：

①在防火门两侧分别启闭防火门,检查其开启方向；

②在防火门两侧分别启闭防火门,应能从任何一侧手动开启；

③使用测力计测试门扇开启力。

防火门开启检查实景图如图9-3所示。

图9-3　防火门开启检查实景图

常见问题和解决方法:

常见问题1:防火门未向疏散方向开启。

解决方法:核对设计图纸,确定其开启方向,若与图纸不符,函告业主,重新安装。

常见问题2:防火门无法从内侧或外侧打开或开启角度不满足设计要求。

解决方法1:检查清除防火门周围障碍物;

解决方法2:检查更换损坏的防火门门扇;

解决方法3:检查更换损坏的闭门器;

解决方法4:检查排除防火门插销、推杠锁损坏;

解决方法5:检查更换防火门损坏变形的铰链。

常见问题3:防火门设置在建筑变形缝附近时,未设置在楼层较多的一侧或防火门开启时门扇跨越变形缝。

解决方法:核对设计图纸,确定其设置位置和方式,若与图纸不符,函告业主,重新安装。

操作注意事项:对建筑内可能存在的应设而未设防火门情况应函告业主,予以重视。

(4) 关闭检查

维保技术要求:从门的任意一侧手动开启,能自动关闭,关闭严实。双扇防火门能按顺序关闭。

检查周期:消防技术服务机构以年度为时间单位对消防设施进行周期性巡检、测试。

检查方法和步骤:手动开启防火门,观察其自动关闭情况。

防火门关闭检查实景图如图9-4所示。

图9-4　防火门关闭检查实景图

常见问题和解决方法:

常见问题1:防火门关闭不严实。

解决方法1:检查排除存在影响防火门关闭的障碍物;

解决方法2:检查排除防火门门扇变形、损坏的情况;

解决方法3:检查排除闭门器损坏的情况和错误安装。

常见问题2:双扇或多扇防火门不能按顺序关闭。

解决方法:查看排除对安装错误的顺序器重新安装,对损坏的顺序器进行更换。

操作注意事项:提醒业主禁止对防火门违规加装插销或锁闭防火门。

(5) 常开防火门自动关闭

维保技术要求:设置有防火门监控系统的场所,模拟火灾后,常开防火门能自动关闭,并将关闭信号反馈至火灾报警控制器。

检查周期:消防技术服务机构以月为时间单位对消防设施进行定期巡检、测试。

检查方法和步骤:

①将火灾报警控制器(联动型)、防火门监控器置于自动状态;

②使用火灾探测器试验装置使同一防火分区内两台火灾探测器动作或一个火灾探测器与一个手动火灾报警按钮动作,火灾报警控制器(联动型)按预设逻辑进行联动;

③火灾报警控制器(联动型)或防火门监控器应联动关闭常开式防火门;

④防火门关闭信号应反馈至火灾报警控制器(联动型)或防火门监控器;

⑤测试完毕,现场报警设备复位;

⑥对火灾报警控制器(联动型)和防火门监控器进行复位操作;

⑦现场复位常开式防火门。

常见问题和解决方法:

常见问题1:触发两台独立的火灾探测器或一个探测器与一个手动火灾报警按钮后,防火门不能自动关闭。

解决方法1:检查排除设备线路故障;

解决方法2:检查排除设备损坏(电动闭门器、门磁开关、电磁门吸、电磁释放器);

解决方法3:查看修正联动控制逻辑。

常见问题2:防火门关闭后信号未反馈至火灾报警控制器(联动型)和防火门监控器。

解决方法1:检查排除模块是否注册或注释;

解决方法2:检查排除线路故障;

解决方法3:检查排除模块故障。

操作注意事项:提醒业主禁止对常开防火门设置人为阻挡装置。

(6) 常开防火门远程手动关闭

维保技术要求:设置有防火门监控系统的场所,消防控制室能手动发出关闭指令,常开防火门能接收指令并自动关闭,能将关闭信号反馈至火灾报警控制器。

检查周期:消防技术服务机构以年度为时间单位对消防设施进行周期性巡检、测试。

检查方法和步骤:

①将火灾报警控制器(联动型)和防火门监控器置于手动状态;

②通过火灾报警控制器(联动型)和防火门监控器手动关闭指定的常开防火门;

③常开防火门能接收指令并立即关闭;

④关闭信号应能反馈至火灾报警控制器;

⑤火灾报警控制器(联动型)和防火门监控器复位并置于自动状态;

⑥现场复位常开式防火门。

常见问题和解决方法:

常见问题 1:不能发出关闭指令或接到火灾报警控制器手动发出的关闭指令后,防火门不能自动关闭。

解决方法 1:检查排除火灾报警控制器(联动型)或防火门监控器故障;

解决方法 2:检查排除线路、模块故障;

解决方法 3:检查排除设备损坏(电动闭门器、门磁开关、电磁门吸、电磁释放器)。

常见问题 2:防火门关闭后信号未反馈至火灾报警控制器(联动型)和防火门监控器。

解决方法 1:检查排除模块是否注册或注释;

解决方法 2:检查排除线路故障;

解决方法 3:检查排除模块故障。

操作注意事项:提醒业主禁止对常开防火门设置人为阻挡装置。

(7) 常开防火门现场手动关闭

维保技术要求:接到现场手动发出的关闭指令后,常开防火门能自动关闭,并将关闭信号反馈至火灾报警控制器。

检查周期:消防技术服务机构以月为时间单位对消防设施进行定期巡检、测试。

检查方法和步骤:

①现场手动启动常开防火门的释放装置;

②观察防火门动作情况;

③关闭信号应能反馈至火灾报警控制器;

④现场复位常开防火门;

⑤复位火灾报警控制器(联动型)或防火门监控器。

常见问题和解决方法:

常见问题 1:现场手动启动常开防火门释放装置,防火门不能自动关闭。

解决方法:检查线路、电动闭门器、门磁开关、电磁门吸、电磁释放器等设备是否故障或损坏。

常见问题 2:防火门关闭后信号未反馈至火灾报警控制器。

解决方法 1:检查排除模块是否注册或注释;

解决方法 2:检查排除线路故障;

解决方法 3:检查排除模块故障。

操作注意事项：

①个别厂家产品在复位常开防火门后无须复位火灾报警控制器(联动型)或防火门监控器，具体情形参见产品说明书。

②提醒业主禁止对常开防火门设置人为阻挡装置。

2. 防火窗

(1) 外观检查

维保技术要求：窗框、玻璃无破损、无变形，组件齐全完好。防火窗窗框密封槽内嵌的防火密封件牢固、完好。

检查周期：消防技术服务机构以月为时间单位对消防设施进行定期巡检、测试。

检查方法和步骤：目测观察。

防火窗实景图如图 9-5 所示。

(a)

(b)

图 9-5　防火窗实景图

常见问题和解决方法：

常见问题 1：防火窗窗框、玻璃存在破损、变形或组件不完整。

解决方法：维修或更换。

常见问题 2：防火窗窗框密封槽内嵌的防火密封件不牢固或损坏。

解决方法：重新加固或更换密封件。

常见问题 3：防火窗与墙体间存在缝隙、孔洞。

解决方法：使用不燃烧体对存在的缝隙、孔洞进行封堵。

操作注意事项：

①防火窗一般均设置在防火间距不足部位的建筑外墙上的开口处或屋顶天窗部位、建筑内的防火墙或防火隔墙上需要进行观察和监控活动等的开口部位、需要防止火灾竖向蔓延的外墙开口部位。因此，应将防火窗的窗扇设计成不能开启的窗扇，否则，防火窗应在火灾时能自行关闭。

②涉及高处检查作业时，应执行高处作业安全管理方案及做好防护措施。

(2) 标识设置

维保技术要求:明显部位设有产品生产信息和等级信息的永久性标牌,内容清晰,设置牢固;防火窗在窗扇明显位置设置“保持防火窗关闭”等提示标志。

检查周期:消防技术服务机构以年度为时间单位对消防设施进行周期性巡检、测试。

检查方法和步骤:目测观察。

常见问题和解决方法:

常见问题1:永久性标牌固定不牢固。

解决方法:重新固定。

常见问题2:永久性标牌模糊不清或缺失。

解决方法:函告业主提供该设备档案备查。

操作注意事项:

①防火窗如需进行装修装饰,应函告业主通知施工单位对永久性标牌和消防身份标识进行妥善保存,施工后应对永久性标牌和消防身份标识进行恢复。

②永久性标牌模糊不清或缺失时,联系原厂家进行提供,如原厂家不能提供补充资料的,由业主提供该设备档案备查。

③涉及高处检查作业时,应执行高处作业安全管理方案及做好防护措施。

(3) 启闭检查

维保技术要求:窗扇能灵活开启,并完全关闭,启闭无卡阻现象。

检查周期:消防技术服务机构以月为时间单位对消防设施进行定期巡检、测试。

检查方法和步骤:

①观察防火窗周围是否有阻挡物;

②用专用钥匙打开现场手动控制器锁止装置;

③按下启闭按钮,观察防火窗启闭运行情况。

常见问题和解决方法:

常见问题1:按下现场手动控制器启闭按钮后,防火窗不能正常启闭。

解决方法:检查排除电源、控制线路、现场手动控制器、驱动装置故障,排除窗轨异物。

常见问题2:按下现场手动控制器启闭按钮后或手动启闭防火窗存在卡顿。

解决方法:使用消防设施维修保养润滑喷剂对窗轨进行保养。

操作注意事项:

①维修前应断开电源,经测试无电后,方可进行操作。

②涉及高处作业时,应执行高处作业安全管理方案及做好防护措施。

(4) 自动关闭

维保技术要求:接到火灾报警信号后,活动式防火窗能自动关闭,并将关闭信号反馈至火灾报警控制器。

检查周期:消防技术服务机构以季度为时间单位对消防设施进行阶段性巡检、测试。

检查方法和步骤:

①将火灾报警控制器(联动型)或防火窗监控器置于自动状态;

②采用专用测试工具触发符合联动控制触发条件的两台火灾探测器,或一个火灾探测器和一个手动火灾报警按钮发出火灾报警信号;

③消防联动控制器或防火窗监控器应联动关闭活动式防火窗;

④活动式防火窗关闭信号应反馈至火灾报警控制器(联动型)或防火窗监控器;

⑤现场报警设备复位;

⑥火灾报警控制器复位;

⑦现场复位活动式防火窗。

常见问题和解决方法:

常见问题1:触发两台独立的火灾探测器或一个探测器与一个手动火灾报警按钮后,防火窗不能自动关闭。

解决方法:查看控制逻辑是否满足要求。

常见问题2:防火窗关闭后信号未反馈至消防控制室。

解决方法1:检查线路、模块是否故障;

解决方法2:检查模块是否注册或注释。

操作注意事项:涉及高处作业时,应执行高处作业安全管理方案及做好防护措施。

(5)远程手动关闭

维保技术要求:接到消防控制室手动发出的关闭指令后,活动式防火窗能自动关闭,并将关闭信号反馈至火灾报警控制器。

检查周期:消防技术服务机构以季度为时间单位对消防设施进行阶段性巡检、测试。

检查方法和步骤:

①将火灾报警控制器(联动型)和防火窗监控器置于手动状态;

②通过火灾报警控制器(联动型)或防火窗监控器手动关闭指定的防火窗;

③活动式防火窗能接收指令并立即关闭;

④关闭信号应能反馈至消防控制室;

⑤火灾报警控制器(联动型)或防火窗监控器复位并置于自动状态;

⑥现场复位活动式防火窗。

常见问题和解决方法:

常见问题1:不能发出关闭指令或接到火灾报警控制器发出的关闭指令后,活动式防火窗不能自动关闭。

解决方法1:检查排除火灾报警控制器(联动型)或防火窗监控器故障;

解决方法2:检查排除防火窗导轨异物或锈蚀;

解决方法3:检查排除线路、模块故障或损坏;

解决方法4:检查排除启闭装置故障或损坏。

常见问题2:防火窗关闭后信号未反馈至火灾报警控制器。

解决方法 1:检查排除线路、模块故障;

解决方法 2:检查排除模块注册或注释错误。

操作注意事项:涉及高处作业时,应执行高处作业安全管理方案及做好防护措施。

(6) 温控关闭

维保技术要求:温控释放装置 1 min 内应动作,活动式防火窗在温控释放装置动作后 60 s 内应能自动关闭。

检查周期:消防技术服务机构以季度为时间单位对消防设施进行阶段性巡检、测试。

检查方法和步骤:

①切断电源,加热温控释放装置(动作温度为 74 ℃±0.5 ℃的感温元件),使其热敏感元件动作;

②观察防火窗动作情况,测试关闭时间;

③重新安装温控释放装置;

④恢复电源;

⑤复位活动式防火窗。

常见问题和解决方法:

常见问题:热敏元件动作后,防火窗不能自动关闭。

解决方法 1:检查排除防火窗导轨异物或锈蚀;

解决方法 2:检查排除影响防火窗关闭的障碍物;

解决方法 3:检查排除防火窗窗扇变形、损害的情况。

操作注意事项:试验前,应准备相同型号的温控释放装置,试验后重新安装。

3. 防火卷帘

(1) 外观检查

维保技术要求:防火卷帘的帘板(面)、导轨、门楣、卷门机等组件齐全完好(帘面、座板、导轨、支座、卷轴、箱体、限位器、卷门机、门楣、手动拉链、控制箱、手动按钮盒、紧固件无松动现象);各接缝处、导轨、卷筒等缝隙,有防火防烟密封措施防止烟火窜入。防火卷帘上部、周围的缝隙采用不燃烧材料或防火封堵材料填充、封堵。帘面平整、光洁,金属零部件的表面无裂纹、压坑及明显的凹痕或机械损伤;防火卷帘下方不得有影响其下降的障碍物。

检查周期:单位消防巡检人员每日对消防设施进行日常巡查;消防技术服务机构以季度为时间单位对消防设施进行阶段性巡检、测试。

检查方法和步骤:单位消防巡检人员目测观察,消防技术服务机构在防火卷帘降下后对防火卷帘进行检查。

防火卷帘实景图如图 9-6 所示。

(a) (b)

图 9-6 防火卷帘实景图

常见问题和解决方法：

常见问题 1：卷帘帘面破损、导轨存在变形。

解决方法：对变形导轨维修校正，如损毁严重则函告业主与消防设备厂家联系进行处理。

常见问题 2：钢质帘面存在锈蚀、油漆脱落情况。

解决方法：采用消防设施维修保养专用除锈喷剂进行除锈并补漆。

常见问题 3：卷帘组件松动。

解决方法：紧固松动部件。

常见问题 4：卷帘 0.5 m 范围内存在障碍物。

解决方法：清除障碍物或函告业主清除固定障碍物。

常见问题 5：与墙体间存在缝隙、孔洞。

解决方法：使用不燃烧材料或防火封堵材料进行封堵。

常见问题 6：防火卷帘导轨未进行防火保护。

解决方法：使用与防火卷帘耐火极限一致的不燃烧体对导轨进行防火保护。

常见问题 7：防火卷帘手动拉链被隐藏。

解决方法：将手动拉链放置明显处。

常见问题 8：设置在非疏散通道上的防火卷帘温控释放装置被装修隐藏。

解决方法：将温控释放装置置于装修吊顶下。

操作注意事项：

如遇以下情况：

①防火卷帘导轨未进行防火保护；

②防火卷帘手动拉链或温控释放装置被装修遮挡或隐藏的情况，需函告业主授权，方能处理。

(2) 标识设置

维保技术要求：在其明显部位设有耐久性铭牌，内容清晰，设置牢靠[每樘防火卷帘及配套的卷门机、控制器、手动按钮盒、温控释放装置，均应在其明显部位设置永久性标牌，并应标明产品名称、型号、规格、耐火性能及商标、生产单位(制造商)名称、厂址、出厂日期、产品编号或生产批号、执行标准等]。

检查周期:消防技术服务机构以年度为时间单位对消防设施进行周期性巡检、测试。

检查方法和步骤:目测观察。

防火卷帘永久性铭牌实景图如图 9-7 所示。

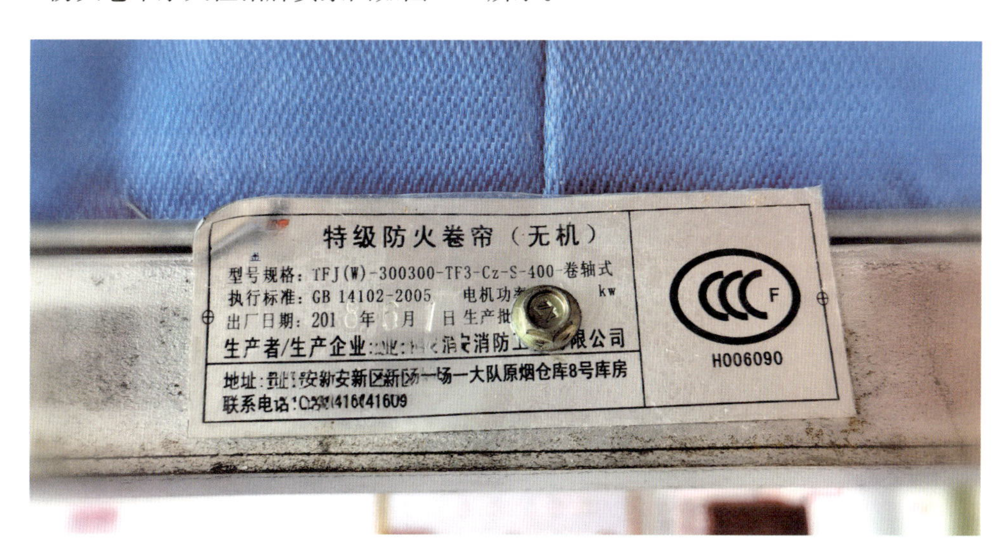

图 9-7　防火卷帘永久性铭牌实景图

常见问题和解决方法:

常见问题 1:永久性标牌固定不牢固。

解决方法:重新固定。

常见问题 2:永久性标牌模糊不清或缺失。

解决方法:函告业主提供该设备档案备查。

操作注意事项:当永久性标牌模糊不清或缺失时,应函告业主联系生产厂家进行提供,如不能提供补充资料的,由业主方提供原建设过程中相应资料进行补充备查。

(3) 运行检查

维保技术要求:防火卷帘运行平稳,不允许有脱轨和明显的倾斜现象;双帘面卷帘的两个帘面同时升降,两个帘面之间的高度差不大于 50 mm;垂直卷帘的电动启闭运行速度为 2～7.5 m/min;其自重下降速度不大于 9.5 m/min;与地面接触时,座板与地面平行,接触均匀不得倾斜。

检查周期:消防技术服务机构以年度为时间单位对消防设施进行周期性巡检、测试。

检查方法和步骤:手动启动防火卷帘,观察防火卷帘运行平稳性能以及与地面的接触情况;计量卷帘的启、闭运行速度。

常见问题和解决方法:

常见问题 1:导轨变形,帘面无法降落到位。

解决方法:对变形导轨维修校正,如严重损毁则函告业主与消防设备厂家联系进行处理。

常见问题 2:卷帘座板与地面不平行。

解决方法:检查排除底板脱落或地面不平等情况。

操作注意事项:

①当防火卷帘启闭时,严禁防火卷帘下方站人或有其他障碍物。

②涉及高处作业时,应执行高处作业安全管理方案及做好防护措施。

(4) 自动启动

防火卷帘常见联动触发信号、联动控制如表 9-2 所示。

表 9-2　防火卷帘常见联动触发信号、联动控制

系统名称	联动触发信号	联动控制	备注
疏散通道上	防火卷帘所在防火分区内任两只独立的感烟火灾探测器或任一只专门用于联动防火卷帘的感烟火灾探测器	防火卷帘下降至距地面 1.8 m 处	在防火卷帘的任一侧距防火卷帘纵深 0.5～5 m 内应设置不少于 2 只专门用于联动防火卷帘的感温火灾探测器。手动控制方式,应由防火卷帘两侧设置的手动控制按钮控制防火卷帘的升降
	任一只专门用于联动防火卷帘的感温火灾探测器	防火卷帘下降到地面	
非疏散通道上	防火卷帘所在防火分区内任两只独立的火灾探测器	防火卷帘直接下降到地面	

维保技术要求:非疏散通道上的防火卷帘,由防火分区内的两只独立的火灾探测器或一只火灾探测器与一只手动火灾报警按钮的报警信号,作为防火卷帘联动触发信号,联动控制防火卷帘关闭;疏散通道上设置的防火卷帘,由防火分区内任两只独立的感烟火灾探测器或任一只专门用于联动防火卷帘的感烟火灾探测器的报警信号应联动控制防火卷帘下降至距楼板面 1.8 m 处;任一只专门用于联动防火卷帘的感温火灾探测器的报警信号应联动控制防火卷帘下降到楼板面;在卷帘的任一侧距卷帘纵深 0.5～5 m 内应设置不少于 2 只专门用于联动防火卷帘的感温火灾探测器。

检查周期:消防技术服务机构以年度为时间单位对消防设施按分区进行周期性巡检、测试。

检查方法和步骤:

①测试前将火灾报警控制器置于自动状态;

②根据防火卷帘设置类型,模拟火灾,使用火灾探测器试验装置使相应的火灾探测器动作,或按下手动火灾报警按钮;

③观察防火卷帘运行情况,与消防控制室联系,确认相关报警及反馈信息的显示情况;

④报警设备复位;

⑤火灾报警控制器复位;

⑥防火卷帘复位;

⑦将火灾报警控制器恢复至自动状态。

常见问题和解决方法:

常见问题 1:非疏散通道上的防火卷帘所在防火分区内任两只独立的火灾探测器动作后,卷帘不能直接下降到地面。

解决方法 1:检查排除导轨损坏或障碍物;

解决方法 2:检查排除控制逻辑、线路、模块、防火卷帘控制器、卷门机等故障。

常见问题 2:疏散通道上设置的防火卷帘,防火分区内任两只独立的感烟火灾探测器或任一只专门用于联动防火卷帘的感烟火灾探测器动作后,防火卷帘不能下降至距地面 1.8 m 处或直接下降至地面。

解决方法 1:检查排除线路、模块故障;

解决方法 2:检查排除联动控制逻辑错误;

解决方法 3:检查排除防火卷帘控制器、卷门机等故障。

常见问题 3:防火卷帘动作至设定位置后,火灾报警控制器未能接收到反馈信号。

解决方法:检查排除线路、模块故障。

操作注意事项:

①当防火卷帘启闭时,严禁卷帘下方站人或有其他障碍物。

②涉及高处作业时,应执行高处作业安全管理方案及做好防护措施。

(5) 远程手动启动

维保技术要求:接收到火灾报警控制器手动发出的启动指令后,卷帘下降、停止等功能正常,并向火灾报警控制器反馈动作信号。

检查周期:消防技术服务机构以季度为时间单位对消防设施进行阶段性巡检、测试。

检查方法和步骤:

①测试前将火灾报警控制器(联动型)置于手动状态;

②在火灾报警控制器(联动型)总线盘上按下对应防火卷帘按钮或在火灾报警控制器(联动型)输入对应模块编号启动防火卷帘;

③现场观察防火卷帘运行情况,与消防控制室联系,确认反馈信息的显示情况;

④在火灾报警控制器总线盘上再次按下对应防火卷帘按钮;

⑤现场防火卷帘复位;

⑥火灾报警控制器复位,火灾报警控制器恢复至自动状态。

常见问题和解决方法:

常见问题 1:火灾报警控制器总线盘上不能远程控制防火卷帘的下降。

解决方法:检查排除操作按钮、线路、模块、防火卷帘控制器、卷门机等故障。

常见问题 2:防火卷帘动作至设定位置后,火灾报警控制器未能接收到反馈信号。

解决方法:检查排除线路、模块故障。

操作注意事项:

①当防火卷帘启闭时,严禁卷帘下方站人或有其他障碍物。

②涉及高处作业时,应执行高处作业安全管理方案及做好防护措施。

(6) 现场手动启动

维保技术要求:手动按钮操作卷帘上升、下降、停止按钮功能应正常,火灾报警控制器应接收到动作反馈信号。

检查周期:消防技术服务机构以年度为时间单位对消防设施进行周期性巡检、测试。

检查方法和步骤:

①现场按下防火卷帘手动按钮盒按钮,防火卷帘下降、停止、上升功能应正常;

②防火卷帘下降至地面后,有关动作信号应能反馈至火灾报警控制器;

③现场防火卷帘复位;

④火灾报警控制器复位,火灾报警控制器恢复至自动状态。

防火卷帘手动按钮盒如图 9-8 所示。

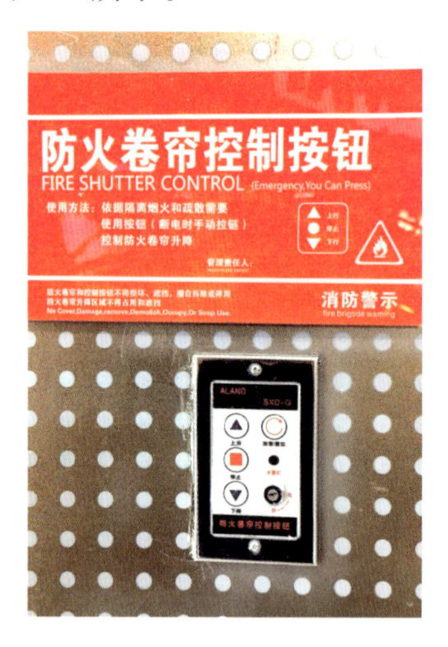

图 9-8 防火卷帘手动按钮盒

常见问题和解决方法:

常见问题 1:按下防火卷帘手动按钮盒按钮后,卷帘不动作。

解决方法 1:检查排除手动按钮盒故障;

解决方法 2:检查排除线路、防火卷帘控制器故障。

常见问题 2:防火卷帘动作至地面后,火灾报警控制器未能接收到有关反馈信号。

解决方法:检查排除线路、模块故障。

操作注意事项:

①当防火卷帘启闭时,严禁卷帘下方站人或有其他障碍物。

②涉及高处作业时,应执行高处作业安全管理方案及做好防护措施。

(7) 自重恒速下降功能

维保技术要求:防火卷帘具有依靠自重恒速下降的功能。

检查周期:消防技术服务机构以年度为时间单位对消防设施进行周期性巡检、测试。

检查方法和步骤:

①操作手动速放装置;

②观察防火卷帘下降运行情况;

③恢复手动速放装置;

④现场防火卷帘复位。

常见问题和解决方法:

常见问题:防火卷帘不能自重下降。

解决方法:检查排除释放机构机械故障。

操作注意事项:

①当防火卷帘启闭时,严禁卷帘下方站人或有其他障碍物。

②涉及高处作业时,应执行高处作业安全管理方案及做好防护措施。

(8)温控启动

维保技术要求:防火卷帘在温控释放装置动作后应能自动下降至地面。

检查周期:消防技术服务机构以年度为时间单位对消防设施进行周期性巡检、测试。

检查方法和步骤:

①切断防火卷帘电源;

②加热温控释放装置,使其热敏感元件动作;

③观察防火卷帘动作情况;

④恢复温控释放装置;

⑤恢复防火卷帘电源;

⑥现场防火卷帘复位。

温控释放装置实景图如图 9-9 所示。

图 9-9　温控释放装置实景图

常见问题和解决方法:

常见问题:温控释放装置动作后,卷帘不动作。

解决方法:检查排除释放机构机械故障。

操作注意事项:

①当防火卷帘启闭时,严禁卷帘下方站人或有其他障碍物。

②涉及高处作业时,应执行高处作业安全管理方案及做好防护措施。

附录

1. 消防设施维护保养常备工器具

消防设施维护保养常备工器具以及常用工器具、仪器实物图分别如附表1、附表2所示。

附表1　消防设施维护保养常备工器具

系统名称	常备工器具
火灾自动报警系统	编码器、万用表、螺丝刀、剥线钳、尖嘴钳、火灾探测器试验装置(烟温测试枪)、毛刷、除尘风机、专用复位钥匙、接地电阻测试仪、消防设施维修保养专用除锈喷剂
消防通信及应急广播系统	万用表、螺丝刀、剥线钳、网线钳、尖嘴钳、毛刷、除尘风机、声级计、消防设施维修保养专用除锈喷剂
消防应急照明和疏散指示系统	试电笔、螺丝刀、剥线钳、尖嘴钳、毛刷、照度计
消防供水设施	万用表、螺丝刀、剥线钳、尖嘴钳、毛刷、钢丝刷、除尘风机、管钳、扳手、消防设施维修保养专用除锈喷剂、消防设施维修保养专用润滑喷剂
室内外消火栓系统	管钳、扳手、钢丝刷、室外消火栓专用扳手、消火栓测压接头、消防设施维修保养专用除锈喷剂、消防设施维修保养专用润滑喷剂
自动喷水灭火系统(湿式)	毛刷、管钳、扳手、钢丝刷、带压力表的末端试水装置、消防设施维修保养专用除锈喷剂、消防设施维修保养专用润滑喷剂
建筑防烟排烟系统	万用表、螺丝刀、剥线钳、尖嘴钳、毛刷、除尘风机、扳手、风速仪、消防设施维修保养专用除锈喷剂、消防设施维修保养专用润滑喷剂
气体灭火系统	编码器、万用表、螺丝刀、剥线钳、尖嘴钳、火灾探测器试验装置(烟温测试枪)、毛刷、专用复位钥匙、扳手、消防设施维修保养专用除锈喷剂
防火分隔设施(防火门、防火窗、防火卷帘)	万用表、螺丝刀、剥线钳、尖嘴钳、毛刷、专用复位钥匙、拉力计、消防设施维修保养专用除锈喷剂、消防设施维修保养专用润滑喷剂

附表2　常用工器具、仪器实物图

常用工器具、仪器实物图		
火灾探测器试验装置	探测器拆装工具	消火栓专用扳手

续表

常用工器具、仪器实物图		
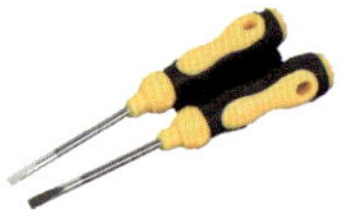 螺丝刀	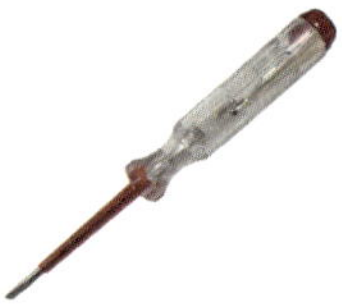 试电笔	 剥线钳
 尖嘴钳	 强光手电筒	 头灯
 毛巾	 毛刷	 执法记录仪
 扳手	 对讲机	 钢丝刷
 网线钳	 管钳	 除尘风机
 消防设施维修保养专用润滑喷剂	 消防设施维修保养专用除锈喷剂	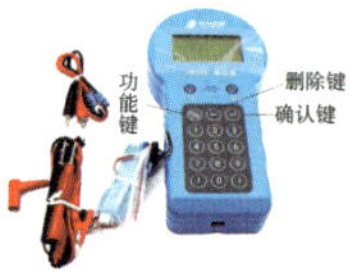 编码器
 激光测距仪	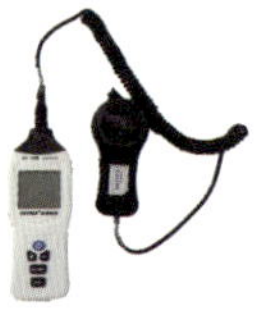 照度计	 数字声级计

续表

常用工器具、仪器实物图		
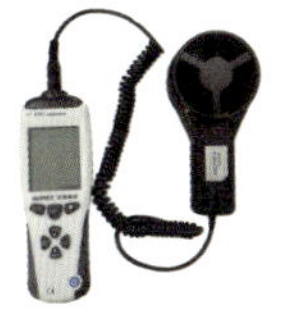		
风速仪	消火栓测压接头	钳形接地电阻测试仪
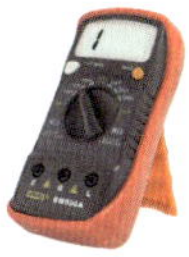		
绝缘电阻测试仪	数字万用表	可燃气体检测仪
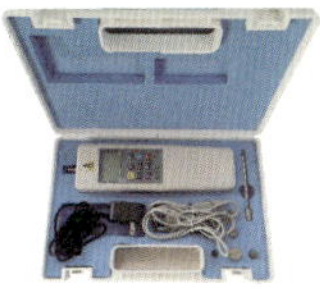	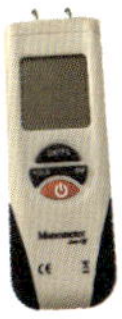	
测力计	数字微压计	

2. 消防控制室火灾事故应急处置程序

（1）判断火警

①查看主机（火灾报警控制器）显示的火警部位。

②按下报警主机（火灾报警控制器）消音键。

③通知单位消防巡检人员现场确认是否发生火灾。

④如确认误报，消除误报因素后复位主机并记录。

⑤确认为真实火警，确认主机（火灾报警控制器）处于自动状态。

（2）调集力量

①拨打“119”火警电话报警。

②向消防安全管理人（或责任人）报告，启动单位内部灭火和应急救援预案。

③调度单位消防巡检人员或微型消防站人员赶赴现场处置初期火灾。

（3）疏散引导

启动应急广播通知引导人员疏散。

（4）启动消防设施（设施未自动启动时手动启动）

①启动集中电源集中控制的应急照明、疏散指示系统。

②启动发生火灾及相关区域的防排烟系统。

③启动防火卷帘和常开式防火门。

④迫降电梯至首层，消防电梯待命。

⑤启动消防水泵（含消火栓泵、喷淋泵）。

⑥与到场扑救消防指挥员保持沟通。

（4）复位系统

①确认火灾处置完毕。

②复位主机（火灾报警控制器）。

③通知单位消防安全员和工程技术人员现场复位报警联动设备。

④向消防安全管理人报告，并通知消防技术服务机构对消防设施进行检修、维护和测试。

⑤填写火警记录。

消防控制室火灾事故应急处置程序图如附图 1 所示。

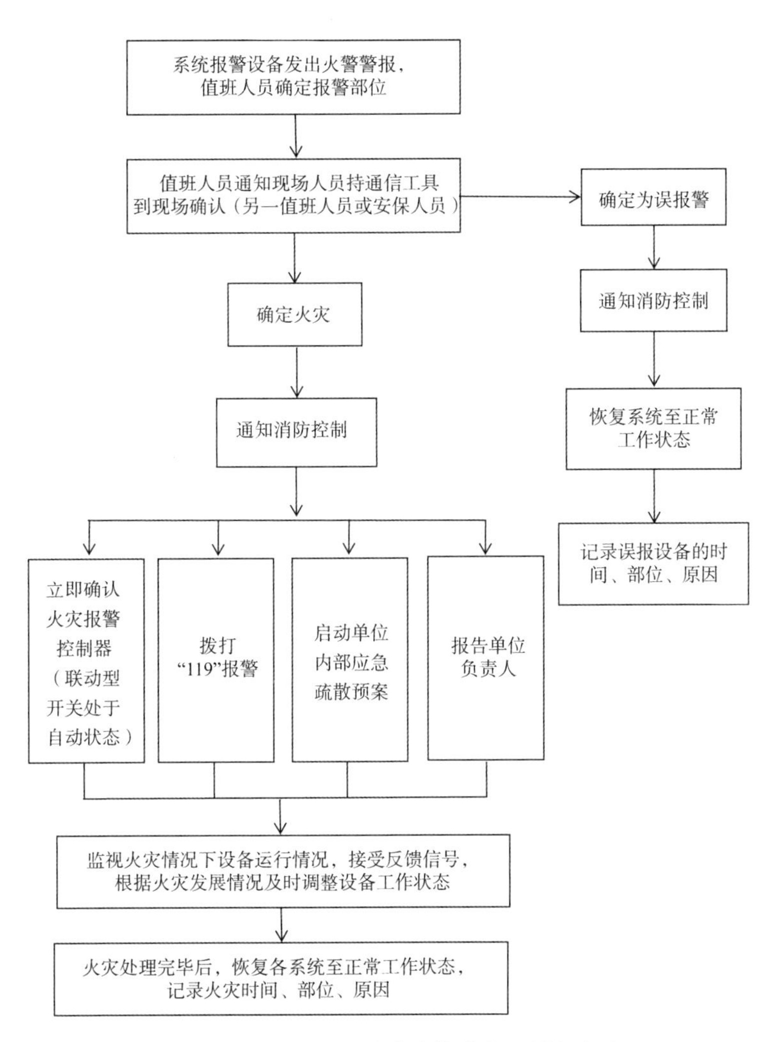

附图 1　消防控制室火灾事故应急处置程序图

3. 常见品牌消防报警控制器(主机)密码

具体如附表3所示。

附表3　常见品牌消防报警控制器(主机)的型号、主机密码

品牌	型号	主机密码
诺帝菲尔	NFS2-3030	11111111/00000000
	N-6000初始密码	111111
	N-6000编程密码	222222/333333
西门子	FS18系列	1234/4321
	S11系列	111/333
	FC720初始密码	4321
	FC720编程密码	4321
	FD720初始密码	333
	FD720编程密码	333
海湾	9000型超级密码	8433
	5000型超级密码	19970701/20060700
	200型超级密码	24220001/24220041/20040001
	用户密码	911、119、无
	gstcrt组态软件密码	999
泛海三江	2100型超级密码	6789
	高级密码	9700
	普通密码	1111/8888
	万能密码	26582231
上海松江	用户密码	1234
	编程密码	4321
	3102和2002机器超级密码	3107
	CRT密码	12345
	超级密码	96426
	3101密码破解	先看时间,假如时间是14:07取最后的数字7,在1852每位数字都加7,得到的数字是8529,按编程输入8529再按手动自动键,在左下角得到一组数字后,把所有数字相加列于左下角得到数字是267,相加后得15,输入相加的数字(15)再按插入键,就可以得到密码了
利达华信	LD128(Q)Ⅱ编程密码	“上下左右”4个方向键
	Ld128操作密码	9999/6789
	Ld128调试密码	9999
	利达LD128E(M)编程密码	3个“右”方向键
	CRT图文报警软件	超级密码123 用户名也是123
	键锁默认	0000

续表

品牌	型号	主机密码
利达华信	等级站点密码	6666
	128E 型	9999
	128K 型	0000
新沃	JB-QG-15-AHG9600	111
特灵	8300 用户密码	000000
	编程密码	888888
	8300 超级密码	751218
陆和	150、160 用户密码	0000
	160 编程密码	3333
	160 超级密码	6666/8888
	启动设备	2222
北大青鸟	通用密码	111
	操作密码	111111
	壁挂式北大青鸟的密码	111/119
赋安	初始密码	0000
	FA100 操作密码	179
	FA100 型编程密码	TAB168
	FA100 型写址密码	8032
	FA80 型操作密码	179
	FA80 型写址密码	8032
	FA80 型编程密码	168
依爱	通用密码	123
	初级密码	123
英国 THORN(科艺)	密码	275338
厦门安德	密码	0119
能美	R23 高级控制密码	139713
中核久安 (原国营 262 厂)	5800 系列通用密码	6FF6
	初始密码	设备的型号,比如 7800 密码就是 7800
	5800 系列通用密码	6FF6
上海日环	B-TBZ2L-RH81501 级密码	99
	B-TBZ2L-RH8150 型 Ⅱ 级密码	8150
美国爱德华	IRC-3:生产厂家安装口令	级别 1-1111
		级别 2-2222
中核	通用密码	3117
北京狮岛	用户密码	0000
	操作密码	119
	登记站点密码	6666
	2210 二级密码	6788

4. 报警控制器线路接地排查方法

（1）确定并非误报警：对报警主机进行关机重启，重启后再次观察主机上的报警提示，与关机前报警提示进行对比，确定是不是报警主机误报。

（2）排查前准备：如确定不是误报后装备好万用表、绝缘手套、绝缘胶布、剪刀、螺丝刀、手电筒和梯子等物品。

（3）确认接地位置：找到主线端子箱，打开端子箱，使用万用表对每一条线路进行检测，查看有哪些楼层线路数值不正常，对数值不正常的线路进行外观检查，看看是否有绝缘层损坏；并且对接头进行检查，查看接头是否松动、是否与箱体有连接，如有松动，则扭紧松动的接头，如与箱体有连接，则需要断开与箱体的连接，然后进行二次检测，如果数值还不正常，那就记下当前问题线路的楼层。到达问题楼层后使用梯子上到顶棚内，并且使用螺丝刀打开接线盒，然后使用万用表对每一条线路进行检测，最终找到问题线路，并且确定问题线路的走向，利用万用表对接线盒内的线路进行排查，检测问题线路表面的绝缘层是否有破损。如有破损后沿着问题线路的走向寻找到下一个接线盒，使用万用表对问题线路进行检查(查看是否短路用同样的方法对问题线路进行分段式检查)，直到检查出短路，从而判断出接地位置。

（4）维修方法：在分段式检查时要注意贯穿线表面的绝缘层是否破损，找到破损点后使用绝缘布进行包裹，使用剪刀剪断绝缘布然后使用万用表再次测量，破损比较严重时就抽出破损线更换新的线路。更换或者包裹结束后，对线头使用同样的方式进行包裹，包裹结束后去报警主机查看线路报警是否消失即可，如还报警就继续排查直到不报警才算排查结束。

（5）万用表具体操作方法：数字万用表选择电阻挡并将其调到最大的挡位，如果消防线路是在吊顶内铺设，则用万用表对消防线路的外部龙骨进行测量，如果消防线是铺设在金属管道里，则用数字万用表对该金属管道进行测量；测量各回路分组的对地电阻，找到接地的那一部分回路；从该回路中间断开，分成了两段，分别测试对地电阻值，确定是前半个回路对地还是后半个回路对地；按上述方法依次在有问题的区段从中间断开检查并不断重复此过程即可。

5. 火灾自动报警控制器复位操作

当火警信号或设备故障等处理完毕后，对火灾报警控制器（联动型）进行复位操作。

操作方法为按下“复位”键，输入用户密码即可实现复位功能。

火灾报警控制器（联动型）复位的作用主要有以下几个方面：

• 清除当前的所有火警信号、设备故障和设备动作显示。复位所有总线制被控设备和手动消防启动盘上的状态指示灯；

• 清除正处于请求和延时请求启动的命令；

• 清除消音状态；

• 清除隔离显示，但隔离指示灯不变，隔离内容依旧起作用；

• 进入隔离和取消隔离操作，隔离信息恢复显示。

注意事项：复位操作前应先对报警设备复位，如感烟探测器、手动报警按钮等；复位操作后应对未复位的设备进行现场复位，使其恢复至准工作状态，如防火卷帘、送风阀、排烟阀等。

6. 短路和断路故障的排除方法

（1）短路故障

短路故障常见原因：短路一般是由线路短接造成的，比如接模块时两根线路接头处的毛边相连，两个端子之间线路直接连接造成短路，另外设备进水或者设备过于潮湿也会造成短路现象。

确认短路故障的方法：信号线分为正极和负极，一般接线模块及设备都不用分正负极，属于无极性连接，使用万用表打在通断蜂鸣挡位对正负极进行测量，万用表发出蜂鸣声，屏幕显示为0即说明此条线路短路。

（2）断路故障

断故障常见原因：造成断路故障的原因是线路连接过程当中端子接线不紧实、松动，导致松动端子后端的设备不通电、不工作，或现场其他原因，如鼠患咬断、现场二次整改破坏线路等。

确认断路故障的方法：排除故障时使用万用表，万用表打在直流电压挡位，一般工作电压为17～27 V，需将万用表打在200挡或600挡即可；测量设备的电压值数；一般火灾报警控制器（联动型）会报设备通信故障或丢失；根据设备的地址码，找出所在位置，排查线路将线路梳理好，接线正常，消除断路故障。

7. 动火作业安全管理

以下“动火作业”部分内容来源于《危险化学品企业特殊作业安全规范》GB 30871—2022。

(1) 作业分级

①固定动火区外的动火作业分为特级动火、一级动火和二级动火三个级别;遇节假日、公休日、夜间或其他特殊情况,动火作业应升级管理。

②特级动火作业:在火灾爆炸危险场所处于运行状态下的生产装置设备、管道、储罐、容器等部位上进行的动火作业(包括带压不置换动火作业);存有易燃易爆介质的重大危险源罐区防火堤内的动火作业。

③一级动火作业:在火灾爆炸危险场所进行的除特级动火作业以外的动火作业,管廊上的动火作业按一级动火作业管理。

④二级动火作业:除特级动火作业和一级动火作业以外的动火作业。

生产装置或系统全部停车,装置经清洗、置换、分析合格并采取安全隔离措施后,根据其火灾、爆炸危险性大小,经危险化学品企业生产负责人或安全管理负责人批准,动火作业可按二级动火作业管理。

⑤特级、一级动火安全作业票有效期不应超过 8 h;二级动火安全作业票有效期不应超过 72 h。

(2) 作业基本要求

①动火作业应有专人监护,作业前应清除动火现场及周围的易燃物品,或采取其他有效安全防火措施,并配备消防器材,满足作业现场应急需求。

②凡在盛有或盛装过助燃或易燃易爆危险化学品的设备、管道等生产、储存设施及本文件规定的火灾爆炸危险场所中生产设备上的动火作业,应将上述设备设施与生产系统彻底断开或隔离,不应以水封或仅关闭阀门代替盲板作为隔断措施。

③拆除管线进行动火作业时,应先查明其内部介质危险特性,工艺条件及其走向,并根据所要拆除管线的情况制定安全防护措施。

④动火点周围或其下方如有可燃物、电缆桥架、孔洞、窨井、地沟、水封设施、污水井等,应检查分析并采取清理或封盖等措施;对于动火点周围 15 m 范围内有可能泄漏易燃、可燃物料的设备设施,应采取隔离措施;对于受热分解可产生易燃易爆、有毒有害物质的场所,应进行风险分析并采取清理或封盖等防护措施。

⑤在有可燃物构件和使用可燃物做防腐内衬的设备内部进行动火作业时,应采取防火隔绝措施。

⑥在作业过程中可能释放出易燃易爆、有毒有害物质的设备上或设备内部动火时,动火前应进行风险分析,并采取有效的防范措施,必要时应连续检测气体浓度,发现气体浓度超限报警时,应立即停止作业;在较长的物料管线上动火,动火前应在彻底隔绝区域内分段采样分析。

⑦在生产、使用、储存氧气的设备上进行动火作业时,设备内氧含量不应超过 23.5%

（体积分数）。

⑧在油气罐区防火堤内进行动火作业时，不应同时进行切水、取样作业。

⑨动火期间，距动火点 30 m 内不应排放可燃气体；距动火点 15 m 内不应排放可燃液体；在动火点 10 m 范围内、动火点上方及下方不应同时进行可燃溶剂清洗或喷漆作业；在动火点 10 m 范围内不应进行可燃性粉尘清扫作业。

⑩在厂内铁路沿线 25 m 以内动火作业时，如遇装有危险化学品的火车通过或停留时，应立即停止作业。

⑪特级动火作业应采集全过程作业影像，且作业现场使用的摄录设备应为防爆型。

⑫使用电焊机作业时，电焊机与动火点的间距不应超过 10 m，不能满足要求时应将电焊机作为动火点进行管理。

⑬使用气焊、气割动火作业时，乙炔瓶应直立放置，不应卧放使用；氧气瓶与乙炔瓶的间距不应小于 5 m，二者与动火点间距不应小于 10 m，并应采取防晒和防倾倒措施；乙炔瓶应安装防回火装置。

⑭作业完毕后应清理现场，确认无残留火种后方可离开。

⑮遇五级风以上（含五级风）天气，禁止露天动火作业；因生产确需动火，动火作业应升级管理。

⑯涉及可燃性粉尘环境的动火作业应满足 GB 15577 要求。

（3）动火分析及合格判定指标

①动火作业前应进行气体分析，要求如下：

a）气体分析的检测点要有代表性，在较大的设备内动火，应对上、中、下（左、中、右）各部位进行检测分析；

b）在管道、储罐、塔器等设备外壁上动火，应在动火点 10 m 范围内进行气体分析，同时还应检测设备内气体含量；在设备及管道外环境动火，应在动火点 10 m 范围内进行气体分析；

c）气体分析取样时间与动火作业开始时间间隔不应超过 30 min；

d）特级、一级动火作业中断时间超过 30 min，二级动火作业中断时间超过 60 min，应重新进行气体分析；每日动火前均应进行气体分析；特级动火作业期间应连续进行监测。

②动火分析合格判定指标为：

a）当被测气体或蒸气的爆炸下限大于或等于 4%时，其被测浓度应不大于 0.5%（体积分数）；

b）当被测气体或蒸气的爆炸下限小于 4%时，其被测浓度应不大于 0.2%（体积分数）。

（4）特级动火作业要求

①特级动火作业应符合（2）、（3）的规定。

②特级动火作业还应符合以下规定：

a）应预先制定作业方案，落实安全防火防爆及应急措施；

b）在设备或管道上进行特级动火作业时，设备或管道内应保持微正压；

c）存在受热分解爆炸、自爆物料的管道和设备设施上不应进行动火作业；

d）生产装置运行不稳定时，不应进行带压不置换动火作业。

（5）操作注意事项

①动火作业前应清除动火现场及周围的易燃物品，或采取其他有效安全防火措施，并配备消防器材，满足作业现场应急需求。

②动火期间，距动火点 30 m 内不应排放可燃气体；距动火点 15 m 内不应排放可燃液体；在动火点 15 m 范围内、动火点上方及下方不应同时进行可燃溶剂清洗或喷漆等作业。

③作业完毕后应清理现场，确认无残留火种后方可离开。

④依据《人员密集场所消防安全管理》GB/T 40248—2021 可知，遇节假日、重点时段或其他特殊情况（人员密集场所营业期间），禁止动火作业。

附表 4 为“动火安全作业票(证)”样式。

附表 4　“动火安全作业票(证)”样式

动火安全作业票(证)　　　　　　　　　　　　　　　　　　编号：

<table>
<tr><td>申请单位</td><td></td><td>申请人</td><td></td><td colspan="2">作业申请时间</td><td>年　月　日　时　分</td></tr>
<tr><td>作业内容</td><td colspan="2"></td><td>动火地点</td><td colspan="3"></td></tr>
<tr><td>动火作业级别</td><td colspan="6">特级□　一级□　二级□</td></tr>
<tr><td>动火方式</td><td colspan="6"></td></tr>
<tr><td>动火作业实施时间</td><td colspan="6">自　年　月　日　时　分始　至　年　月　日　时　分止</td></tr>
<tr><td>动火作业负责人</td><td></td><td>动火人</td><td colspan="4"></td></tr>
<tr><td>动火分析时间</td><td>月　日　时　分</td><td colspan="3">月　日　时　分</td><td colspan="2">月　日　时　分</td></tr>
<tr><td>分析点名称</td><td></td><td colspan="3"></td><td colspan="2"></td></tr>
<tr><td>分析数据(%LEL)</td><td></td><td colspan="3"></td><td colspan="2"></td></tr>
<tr><td>分析人</td><td></td><td colspan="3"></td><td colspan="2"></td></tr>
<tr><td>涉及的其他特殊作业</td><td></td><td colspan="3">涉及的其他特殊作业安全作业证编号</td><td colspan="2"></td></tr>
<tr><td>风险辨识结果</td><td colspan="6"></td></tr>
</table>

序号	安全措施	是否涉及	确认人
1	动火设备内部构件清理干净，蒸汽吹扫或水洗合格，达到动火条件		
2	断开与动火设备相连接的所有管线，加盲板（　）块		
3	动火点周围的下水井、地漏、地沟、电缆沟等已清除易燃物，并已采取覆盖、铺沙、水封等手段进行隔离		
4	罐区内动火点同一围堰内和防火间距内的油罐无同时进行的脱水作业		
5	高处作业已采取防火花飞溅措施		
6	动火点周围易燃物已清除		
7	电焊回路线已接在焊件上，把线未穿过下水井或与其他设备搭接		
8	乙炔气瓶（直立放置并有防倾倒措施）、氧气瓶与火源间的距离大于 10 m		
9	现场配备消防蒸汽带（　）根，灭火器（　）台，铁锹（　）把，石棉布（　）块		

续表

<table>
<tr><td>10</td><td colspan="3">其他安全措施：
编制人 ：</td><td></td></tr>
<tr><td colspan="2">安全交底人</td><td></td><td>接受交底人</td><td></td></tr>
<tr><td colspan="2">动火措施初审人</td><td></td><td>监护人</td><td></td></tr>
<tr><td colspan="5">作业单位负责人意见
签字：　　　　年　月　日　时　分</td></tr>
<tr><td colspan="5">动火点所在车间(分厂)负责人
签字：　　　　年　月　日　时　分</td></tr>
<tr><td colspan="5">安全管理部门意见
签字：　　　　年　月　日　时　分</td></tr>
<tr><td colspan="5">动火审批人意见
签字：　　　　年　月　日　时　分</td></tr>
<tr><td colspan="5">动火前,岗位顶班班长验票
签字：　　　　年　月　日　时　分</td></tr>
<tr><td colspan="5">完工验收
签字：　　　　年　月　日　时　分</td></tr>
</table>

8. 受限空间作业安全管理

以下“受限空间作业”内容来源于《危险化学品企业特殊作业安全规范》GB 30871—2022。

(1) 作业前,应对受限空间进行安全隔离,要求如下:

①与受限空间连通的可能危及安全作业的管道应采用加盲板或拆除一段管道的方式进行隔离;不应采用水封或关闭阀门代替盲板作为隔断措施。

②与受限空间连通的可能危及安全作业的孔、洞应进行严密封堵。

③对作业设备上的电器电源,应采取可靠的断电措施,电源开关处应上锁并加挂警示牌。

(2) 作业前,应保持受限空间内空气流通良好,可采取如下措施:

①打开人孔、手孔、料孔、风门、烟门等与大气相通的设施进行自然通风。

②必要时,可采用强制通风或管道送风,管道送风前应对管道内介质和风源进行分析确认。

③在忌氧环境中作业,通风前应对作业环境中与氧性质相抵的物料采取卸放、置换或清洗合格的措施,达到可以通风的安全条件要求。

(3) 作业前,应确保受限空间内的气体环境满足作业要求,内容如下:

①作业前 30 min 内,对受限空间进行气体检测,检测分析合格后方可进入。

②检测点应有代表性,容积较大的受限空间,应对上、中、下(左、中、右)各部位进行检测分析。

③检测人员进入或探入受限空间检测时,应佩戴(6)中规定的个体防护装备。

④涂刷具有挥发性溶剂的涂料时,应采取强制通风措施。

⑤不应向受限空间充纯氧气或富氧空气。

⑥作业中断时间超过 60 min 时,应重新进行气体检测分析。

(4) 受限空间内气体检测内容及要求如下:

①氧气含量为 19.5%~21%(体积分数),在富氧环境下不应大于 23.5%(体积分数)。

②有毒物质允许浓度应符合《工作场所有害因素职业接触限值　第 1 部分:化学有害因素》的规定。

③可燃气体、蒸气浓度要求应符合“动火分析合格判定指标”的规定。

(5) 作业时,作业现场应配置移动式气体检测报警仪,连续检测受限空间内可燃气体、有毒气体及氧气浓度,并 2 h 记录 1 次;气体浓度超限报警时,应立即停止作业、撤离人员、对现场进行处理,重新检测合格后方可恢复作业。

(6) 进入受限空间作业人员应正确穿戴相应的个体防护装备。进入下列受限空间作业应采取如下防护措施:

①缺氧或有毒的受限空间经清洗或置换仍达不到(4)要求的,应佩戴满足 GB/T 18664 要求的隔绝式呼吸防护装备,并正确拴带救生绳。

②易燃易爆的受限空间经清洗或置换仍达不到(4)要求的,应穿防静电工作服及工

作鞋，使用防爆工器具。

③存在酸碱等腐蚀性介质的受限空间，应穿戴防酸碱防护服、防护鞋、防护手套等防腐蚀装备。

④在受限空间内从事电焊作业时，应穿绝缘鞋。

⑤有噪声产生的受限空间，应佩戴耳塞或耳罩等防噪声护其。

⑥有粉尘产生的受限空间，应在满足 GB 15577 要求的条件下，按 GB 39800.1 要求佩戴防尘口罩等防尘护具。

⑦高温的受限空间，应穿戴高温防护用品，必要时采取通风、隔热等防护措施。

⑧低温的受限空间，应穿戴低温防护用品，必要时采取供暖措施。

⑨在受限空间内从事清污作业，应佩戴隔绝式呼吸防护装备，并正确拴带救生绳。

⑩在受限空间内作业时，应配备相应的通信工具。

(7) 当一处受限空间存在动火作业时，该处受限空间内不应安排涂刷油漆、涂料等其他可能产生有毒有害、可燃物质的作业活动。

(8) 对监护人的特殊要求：

①监护人应在受限空间外进行全程监护，不应在无任何防护措施的情况下探入或进入受限空间。

②在风险较大的受限空间作业时，应增设监护人员，并随时与受限空间内作业人员保持联络。

③监护人应对进入受限空间的人员及其携带的工器具种类，数量进行登记，作业完毕后再次进行清点，防止遗漏在受限空间内。

(9) 受限空间作业应满足的其他要求：

①受限空间出入口应保持畅通。

②作业人员不应携带与作业无关的物品进入受限空间；作业中不应抛掷材料、工器具等物品；在有毒、缺氧环境下不应摘下防护面具。

③难度大、劳动强度大、时间长、高温的受限空间作业应采取轮换作业方式。

④接入受限空间的电线、电缆、通气管应在进口处进行保护或加强绝缘，应避免与人员出入使用同一出入口。

⑤作业期间发生异常情况时，未穿戴(6)规定个体防护装备的人员严禁入内救援。

⑥停止作业期间，应在受限空间入口处增设警示标志，并采取防止人员误入的措施。

⑦作业结束后，应将工器具带出受限空间。

(10) 受限空间安全作业票有效期不应超过 24 h。

附表 5 为"受限空间安全作业票(证)"样式。

附表 5 "受限空间安全作业票(证)"样式

受限空间安全作业票(证)　　　　编号：

申请单位		申请人		作业申请时间	年　月　日　时　分
受限空间所属单位		受限空间名称			
作业内容		受限空间内原有介质名称			

续表

<table>
<tr><td colspan="2">作业实施时间</td><td colspan="7">自　年　月　日　时　分始　至　年　月　日　时　分止</td></tr>
<tr><td colspan="2">作业单位负责人</td><td colspan="7"></td></tr>
<tr><td colspan="2">监护人</td><td colspan="7"></td></tr>
<tr><td colspan="2">作业人</td><td colspan="7"></td></tr>
<tr><td colspan="2">涉及的其他特殊作业</td><td colspan="2"></td><td colspan="3">涉及的其他特殊作业安全作业证编号</td><td colspan="2"></td></tr>
<tr><td colspan="2">危害辨识结果</td><td colspan="7"></td></tr>
<tr><td colspan="2" rowspan="8">分析</td><td>分析项目</td><td>有毒有害介质</td><td>可燃气</td><td>氧含量</td><td rowspan="2">时间</td><td rowspan="2">部位</td><td rowspan="2">分析人</td></tr>
<tr><td>分析标准</td><td></td><td></td><td></td></tr>
<tr><td rowspan="6">分析数据</td><td></td><td></td><td></td><td></td><td></td><td></td></tr>
<tr><td></td><td></td><td></td><td></td><td></td><td></td></tr>
<tr><td></td><td></td><td></td><td></td><td></td><td></td></tr>
<tr><td></td><td></td><td></td><td></td><td></td><td></td></tr>
<tr><td></td><td></td><td></td><td></td><td></td><td></td></tr>
<tr><td></td><td></td><td></td><td></td><td></td><td></td></tr>
<tr><td>序号</td><td colspan="6">安全措施</td><td>是否涉及</td><td>确认人</td></tr>
<tr><td>1</td><td colspan="6">对进入受限空间危险性进行分析</td><td></td><td></td></tr>
<tr><td>2</td><td colspan="6">所有与受限空间有联系的阀门、管线加盲板隔离，列出盲板清单，落实抽堵盲板责任人</td><td></td><td></td></tr>
<tr><td>3</td><td colspan="6">设备经过置换、吹扫、蒸煮</td><td></td><td></td></tr>
<tr><td>4</td><td colspan="6">设备打开通风孔进行自然通风，温度适宜人员作业；必要时采用强制通风或佩戴隔绝式呼吸防护装备，未采用通氧气或富氧空气的方法补充氧</td><td></td><td></td></tr>
<tr><td>5</td><td colspan="6">相关设备已进行处理，带搅拌机的设备已切断电源，电源开关处已加锁或挂“禁止合闸”标志牌，设专人监护</td><td></td><td></td></tr>
<tr><td>6</td><td colspan="6">检查受限空间内部已具备作业条件，清罐时无须用/已采用防爆工具</td><td></td><td></td></tr>
<tr><td>7</td><td colspan="6">检查受限空间进出口通道，无阻碍人员进出的障碍物</td><td></td><td></td></tr>
<tr><td>8</td><td colspan="6">分析盛装过可燃有毒液体、气体的受限空间内的可燃、有毒有害气体含量</td><td></td><td></td></tr>
<tr><td>9</td><td colspan="6">作业人员清楚受限空间内存在的其他危险因素，如内部附件、集渣坑等</td><td></td><td></td></tr>
<tr><td>10</td><td colspan="6">作业监护措施：消防器材（　　）、救生绳（　　）、气防装备（　　）</td><td></td><td></td></tr>
<tr><td>11</td><td colspan="7">其他安全措施：
编制人：</td><td></td></tr>
<tr><td colspan="2">安全交底人</td><td colspan="2"></td><td colspan="2">接受交底人</td><td colspan="3"></td></tr>
<tr><td colspan="9">作业单位负责人意见
签字：　　　年　月　日　时　分</td></tr>
<tr><td colspan="9">审批单位负责人意见
签字：　　　年　月　日　时　分</td></tr>
<tr><td colspan="9">完工验收
签字：　　　年　月　日　时　分</td></tr>
</table>

9. 高处作业安全管理

以下“受限空间作业”内容来源于《危险化学品企业特殊作业安全规范》GB 30871—2022。

(1) 作业分级

①作业高度 h 按照 GB/T 3608 分为 4 个区段：2 m≤h≤5 m；5 m<h≤15 m；15 m<h≤30 m；h>30 m。

②直接引起坠落的客观危险因素分为 9 种：

a) 阵风风力五级(风速 8.0 m/s)以上；

b) 平均气温等于或低于 5 ℃的作业环境；

c) 接触冷水温度等于或低于 12 ℃的作业；

d) 作业场地有冰、雪、霜、油、水等易滑物；

e) 作业场所光线不足或能见度差；

f) 作业活动范围与危险电压带电体距离小于附表 6 的规定；

附表 6　作业活动范围与危险电压带电体的距离

危险电压带电体的电压等级/kV	≤10	35	63～110	220	330	500
距离/m	1.7	2.0	2.5	4.0	5.0	6.0

g) 摆动，立足处不是平面或只有很小的平面，即任一边小于 500 mm 的矩形平面、直径小于 500 mm 的圆形平面或具有类似尺寸的其他形状的平面，致使作业者无法维持正常姿势；

h) 存在有毒气体或空气中含氧量低于 19.5%(体积分数)的作业环境；

i) 可能会引起各种灾害事故的作业环境和抢救突然发生的各种灾害事故。

③不存在②列出的任一种客观危险因素的高处作业按附表 7 规定的 A 类法分级，存在②列出的一种或一种以上客观危险因素的高处作业按附表 7 规定的 B 类法分级。

附表 7　高处作业分级

分类法	高处作业高度/m			
	2≤h≤5	5<h≤15	15<h≤30	h>30
A	Ⅰ	Ⅱ	Ⅲ	Ⅳ
B	Ⅱ	Ⅲ	Ⅳ	Ⅳ

(2) 作业要求

①高处作业人员应正确佩戴符合 GB 6095 要求的安全带及符合 GB 24543 要求的安全绳，30 m 以上高处作业应配备通信联络工具。

②高处作业应设专人监护，作业人员不应在作业处休息。

③应根据实际需要配备符合安全要求的作业平台、吊笼、梯子、挡脚板、跳板等；脚手架的搭设、拆除和使用应符合 GB 51210 等有关标准要求。

④高处作业人员不应站在不牢固的结构物上进行作业；在彩钢板屋顶、石棉瓦、瓦棱

板等轻型材料上作业，应铺设牢固的脚手板并加以固定，脚手板上要有防滑措施；不应在未固定、无防护设施的构件及管道上进行作业或通行。

⑤在邻近排放有毒、有害气体、粉尘的放空管线或烟囱等场所进行作业时，应预先与作业属地生产人员取得联系，并采取有效的安全防护措施，作业人员应配备必要的符合国家相关标准的防护装备（如隔绝式呼吸防护装备、过滤式防毒面具或口罩等）。

⑥雨天和雪天作业时，应采取可靠的防滑、防寒措施；遇有五级风以上（含五级风）、浓雾等恶劣天气，不应进行高处作业、露天攀登与悬空高处作业；暴风雪、台风、暴雨后，应对作业安全设施进行检查，发现问题立即处理。

⑦作业使用的工具、材料、零件等应装入工具袋，上下时手中不应持物，不应投掷工具、材料及其他物品；易滑动、易滚动的工具、材料堆放在脚手架上时，应采取防坠落措施。

⑧在同一坠落方向上，一般不应进行上下交叉作业，如需进行交叉作业，中间应设置安全防护层，坠落高度超过 24 m 的交叉作业，应设双层防护。

⑨因作业需要，须临时拆除或变动作业对象的安全防护设施时，应经作业审批人员同意，并采取相应的防护措施，作业后应及时恢复。

⑩拆除脚手架、防护棚时，应设警戒区并派专人监护，不应上下同时施工。

⑪安全作业票的有效期最长为 7 天。当作业中断，再次作业前，应重新对环境条件和安全措施进行确认。

附表 8 为“高处安全作业票（证）”样式。

附表 8 “高处安全作业票（证）”样式

高处安全作业票（证）　　　　　　　　编号

申请单位		申请人		作业申请时间	年　月　日　时　分
作业实施时间	自　年　月　日　时　分始　至　年　月　日　时　分止				
作业地点					
作业内容					
作业高度			作业类别		
作业单位			监护人		
作业人					
涉及的其他特殊作业			涉及的其他特殊作业安全作业证编号		
风险辨识结果					

序号	安全措施	是否涉及	确认人
1	作业人员身体条件符合要求		
2	作业人员着装符合工作要求		
3	作业人员佩戴合格的安全帽		
4	作业人员佩戴安全带，安全带高挂低用		
5	作业人员携带有工具袋及安全绳		
6	作业人员佩戴：A. 过滤式防毒面具或口罩；B. 隔绝式呼吸防护装备		

续表

7	现场搭设的脚手架、防护网、围栏符合安全规定		
8	垂直分层作业中间有隔离设施		
9	梯子、绳子符合安全规定		
10	石棉瓦等轻型棚的承重梁、柱能承重负荷的要求		
11	作业人员在石棉瓦等不承重物作业所搭设的承重板稳定牢固		
12	采光，夜间作业照明符合作业要求，需采用并已采用/无须采用防爆灯		
13	30 m以上高处作业配备通信、联络工具		
14	其他安全措施： 编制人 ：		

安全交底人		接受交底人	

作业单位负责人意见

签字：　　年　月　日　时　分

生产车间(分厂)意见

签字：　　年　月　日　时　分

审核部门负责人意见

签字：　　年　月　日　时　分

审批部门负责人意见

签字：　　年　月　日　时　分

完工验收

签字：　　年　月　日　时　分

10. 消防设施维护保养及维修中如何预防触电

消防设施维护保养及维修中，有可能引起触电危险的主要有：消防供配电的双电源控制柜、消防水泵控制柜、防排烟风机控制柜、防火卷帘控制柜、电动挡烟垂壁控制柜等电气控制柜以及对应急照明和疏散指示灯进行更换的过程中。

（1）维护保养中的预防触电的措施

①测试前，首先使用试电笔对各控制柜外壳进行测试，确保不带电后再进行正常维护保养操作。

②如遇雨天，严禁对室外放置的控制柜（风机、稳压泵控制柜等）进行维护保养测试。

③如遇消防水泵房出现积水且消防水泵控制柜与消防水泵处于同一空间，严禁对水泵控制柜进行维护保养测试。

④如需进行消防供配电的双电源切换功能，操作人员必须具备相应的电工操作资格进行双电源切换操作，其他人员记录观察。

（2）维修过程中的检修规程

在对水泵控制柜、防排烟风机控制柜、防火卷帘控制柜、电动挡烟垂壁控制柜等电气控制柜检修中，应严格遵守以下操作规程：

①检修人员须经过培训和考核合格，并持有效的特种作业操作证方可进行电气控制柜的检修工作。

②须穿戴合格的绝缘鞋，必要时应戴安全帽及其他防护用品，所用绝缘用具、仪表、安全装置和工具须检查完好、可靠。禁止使用破损、失效的用具。

③任何电气设备、线路未经本人验电以前，一律视为有电，不准触及。需接触操作时，应切断该处的电源后方可操作。

④检修开始前，先研究控制柜上的主电路图，了解该控制柜的回路信息。

⑤在可能的情况下，应尽量断电操作。如需带电作业，必须设专人监护。

⑥在检修区域设置“正在检修，注意安全”等警示标志，在设备配电箱处设置“正在检修，严禁合闸”等警示标志。

⑦检修结束，合闸送电后进行远程、现场启动测试，测试合格后将控制柜转至准工作状态。

11. 消防灭火药剂有效期和报废规定

以下内容引用了《气瓶安全技术规程》TSG 23—2021、《通信建筑气体灭火系统用气瓶检测规程》T/CAICI 21—2020、《消防灭火用气瓶定期检验与评定》T/GDFPA 001—2022。

（1）定期检验周期

气瓶的定期检验周期按照附表 9 执行。气瓶（车用气瓶除外）的首次定期检验日期应当从气瓶制造日期起计算，车用气瓶的首次定期检验日期应当从气瓶使用登记日期起计算，但制造日期与使用登记日期的间隔不得超过 1 个定期检验周期。

附表 9　气瓶定期检验周期

<table>
<tr><th colspan="2">气瓶品种</th><th colspan="2">介质、环境</th><th>检验周期/年</th></tr>
<tr><td colspan="2" rowspan="6">钢质无缝气瓶、钢质焊接气瓶（不含液化石油气钢瓶、液化二甲醚钢瓶）、铝合金无缝气瓶</td><td colspan="2">腐蚀性气体、海水等腐蚀性环境</td><td>2</td></tr>
<tr><td colspan="2">氮、六氟化硫、四氟甲烷及惰性气体</td><td>5</td></tr>
<tr><td rowspan="2">纯度大于或者等于 99.999%的高纯气体（气瓶内表面经防腐蚀处理且内表面粗糙度达到 Ra0.4 以上）</td><td>剧毒</td><td>5</td></tr>
<tr><td>其他</td><td>8</td></tr>
<tr><td colspan="2">混合气体</td><td>按混合气体中检验周期最短的气体特性确定（微量组分除外）</td></tr>
<tr><td colspan="2">其他气体</td><td>3</td></tr>
<tr><td rowspan="2">液化石油气钢瓶、液化二甲醚钢瓶</td><td>民用</td><td colspan="2" rowspan="2">液化石油气、液化二甲醚</td><td>4</td></tr>
<tr><td>车用</td><td>5</td></tr>
<tr><td colspan="2">车用压缩天然气瓶</td><td colspan="2" rowspan="4">压缩天然气、氢气、空气、氧气</td><td rowspan="4">3</td></tr>
<tr><td colspan="2">车用氢气气瓶</td></tr>
<tr><td colspan="2">气体储运用纤维缠绕气瓶</td></tr>
<tr><td colspan="2">呼吸器用复合气瓶</td></tr>
<tr><td colspan="2">低温绝热气瓶（含车用气瓶）</td><td colspan="2">液氧、液氮、液氩、液化二氧化碳、液化氧化亚氮、液化天然气</td><td>3</td></tr>
<tr><td colspan="2">溶解乙炔气瓶</td><td colspan="2">溶解乙炔</td><td>3</td></tr>
</table>

（2）设计使用年限

①钢质无缝气体灭火系统用气瓶设计使用年限：30 年。

②钢质焊接气体灭火系统用气瓶设计使用年限：20 年。

（3）定期检验周期

①盛装氮、惰性气体（混合气体）、二氧化碳及纯度≥99.999%的无腐蚀性高纯气体的气体灭火系统用气瓶，满 5 年检验 1 次。

②盛装对瓶体材料能产生腐蚀作用的气体及常与海水接触的气体灭火系统用气瓶，满 2 年检验 1 次。

③盛装卤代烃灭火剂（如：七氟丙烷、六氟丙烷、三氟甲烷等）的气体灭火系统用气

瓶，满 5 年后每年进行外观检查，满 10 年检验 1 次。

④在使用过程中，若发现气瓶有缺陷或对其安全可靠性有怀疑时，应提前进行检验。

⑤库存或停用时间超过一个检验周期的气瓶，启用前应重新进行检验。

(4) 检验机构、检验周期与检验项目

①检验机构

进行气瓶定期检验的检验机构，应符合《气瓶检验机构技术条件》GB/T 12135 的要求，并按《特种设备检验检测机构核准规则》TSG Z7001 经省级市场监督管理部门核准，取得中华人民共和国特种设备检验检测机构核准证。

②检验周期

消防灭火气瓶检验周期如附表 10 所示。

附表 10　消防灭火气瓶检验周期

气瓶品种	介质	检验周期/年
钢质无缝气瓶 (PD1)	IG-01、IG-100、IG-55、氮气	5
	IG-541、二氧化碳、三氟甲烷、七氟丙烷	3
	盛装对瓶体材料能产生腐蚀作用的气体，以及海水等腐蚀性环境的消防灭火用气瓶	2
钢质焊接气瓶 (PD2)	七氟丙烷、六氟丙烷	3
	盛装对瓶体材料能产生腐蚀作用的气体，以及海水等腐蚀性环境的消防灭火用气瓶	2

注：1. 在使用过程中，若发现气瓶有严重腐蚀、损伤(机械损伤或热损伤)、泄漏(对带有压力表气瓶，若出现非使用后的压力降超过规定值)或对其安全可靠性有怀疑时，应提前进行检验。

2. 库存或停用时间超过一个检验周期的气瓶，启用前应重新进行检验。